北の海へ

新潟港の
明治・大正・昭和

著／みなとさがんプロジェクト実行委員会
『北の海へ』編集会議
監修／新潟国際情報大学准教授 神長 英輔

テレックに畚《もっこ》揚げ

塩積み船「山陽丸」（海上右上）が来て、引き取りの小船が出る。サケ、マスは塩蔵なので、大量の塩を使用する。定期的に塩の補給が行われた

右上：網起こし
右下：三羽船沖から帰る
左上：身欠きにしんを作る
左下：粕煮釜場

愛博にて筋子洗い小屋の前でアイヌの女性たち

熊狩りの成功を祝うアイヌ

オタスのオロッコ人とその住居

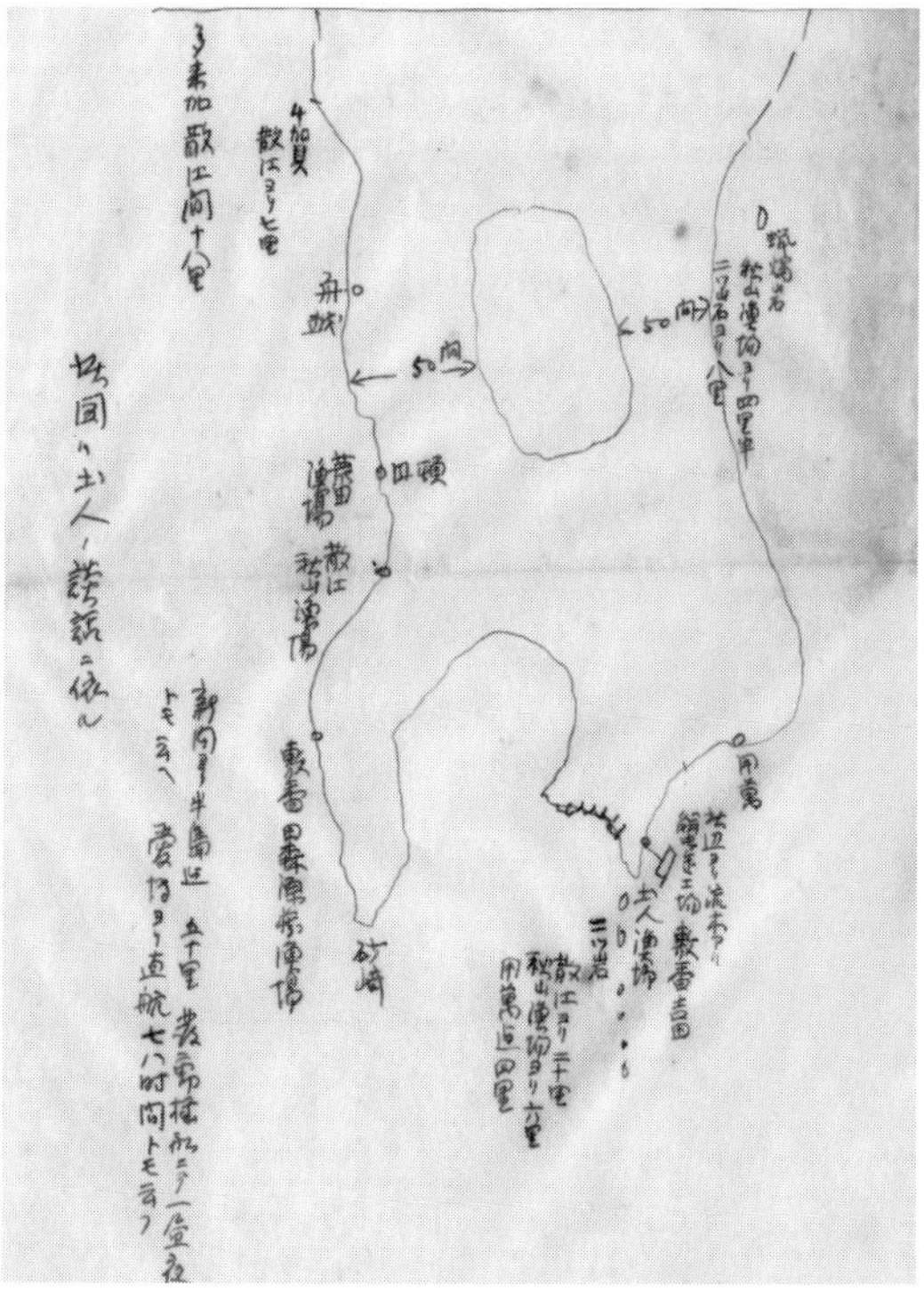

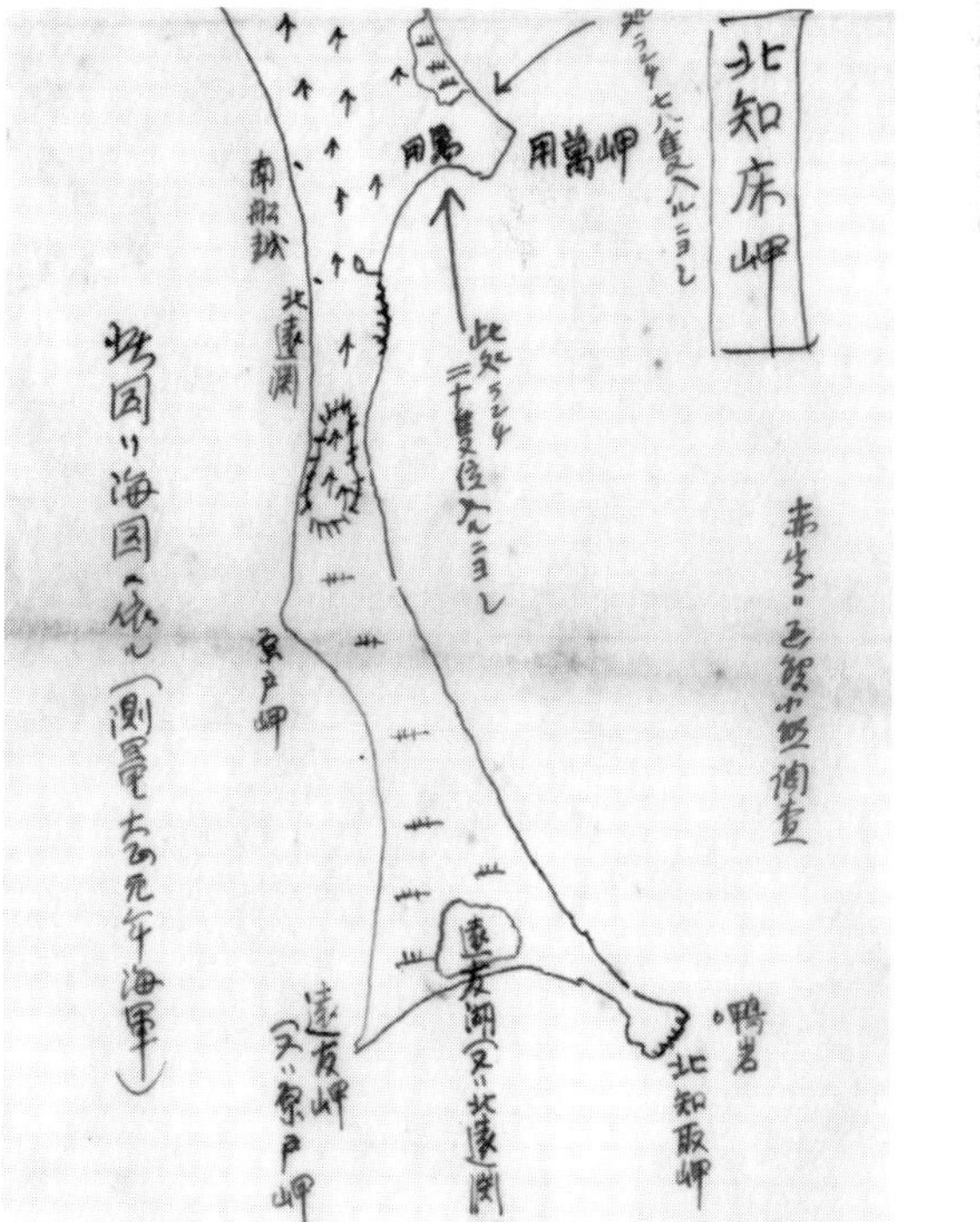

右図は北知床岬（この図は海図による＝測量大正元年海軍）。左図は「この図は土人の談話による。新問より半島まで五十里、発動機船にて一昼夜ともいい、愛博より直航七、八時間ともいう」と書かれている。

目次

序に代えて—新潟という場所

新潟を特徴づけるもの。それは信濃川、阿賀野川という二つの大河である。これが一七三一(享保一六)年、松ヶ崎で決壊し、阿賀野川の流れが変わるまで新潟町で合流し、一大海湾を形成していた。新潟人にとって、河口の水量こそが港維持の要であり、その維持のためあらゆる努力を払ってきた。流域が長く、流れの遅い信濃川に対して、流域が短く流れの速い阿賀野川が新潟の開口部で合流し、滞留する信濃川の土砂を海へ押し流していた。言うまでもなく、物資の輸送は川を使っておこなわれた。越後平野に張り巡らされた無数の河川網は物資の、特に年貢米の輸送の大動脈であった。その米が新潟港に集まった。

信濃川は信州長野に発し、全長三六七キロを誇る日本一の大河である。阿賀野川は会津に発し二一〇キロある。いずれもその豊富な水量は、冬季に新潟県を取り巻く山岳地に降る大量の雪に由来している。そしてその雪は、日本海の水蒸気と対岸シベリアからの季節風による。ちなみに世界の積雪地番付の内、上位五位くらいまでは狭い日本が独占している。

信濃川の平均流量は五一八立方メートル/秒、阿賀野川は四五一立方メートル/秒である。これがいかに大きいものであるかは、坂東太郎といわれる利根川の水量が三二一立方メートル/秒であり、ヨーロッパ六カ国を流れ、一二三三キロの全長を誇るライン川が二三〇立方メートル/秒であることからもわかる。

かつて新潟は三ヶ津と呼ばれた。新潟の津、蒲原の津、沼垂の津の三つの津(港)である。この戦略的要衝をめぐっては戦国時代、上杉景勝と新発田重家によって、何度も争奪戦が繰り広げられている。

信濃川と阿賀野川の二本の幹線が結ぶ新潟では、西は直江津から長野、京都へ、南は津川から会津

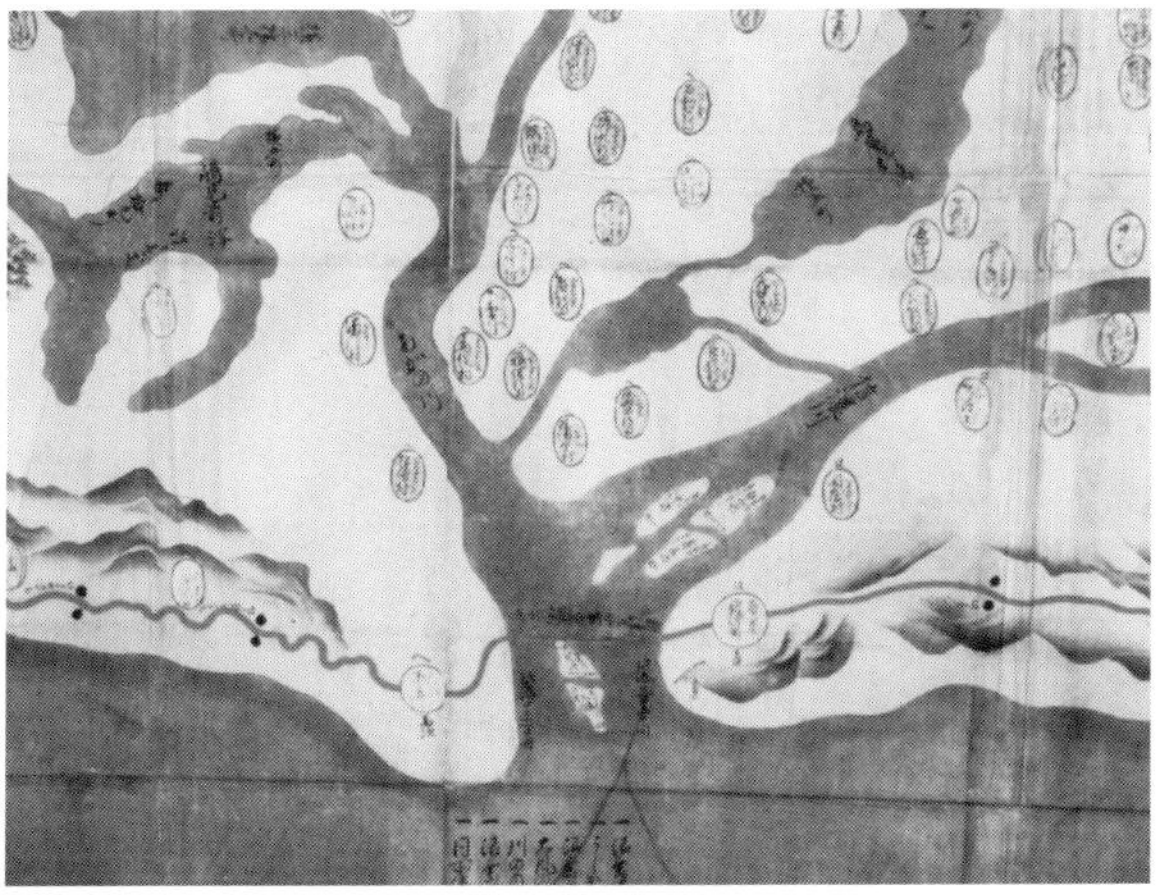

正保越後国絵図（部分）
1645（正保２）年に描かれた絵図で、画面左から流れてくる信濃川に阿賀野川が合流している。（新発田市立歴史図書館蔵、写真提供：新潟県立歴史博物館、協力：新潟市歴史博物館）

へ、東は新発田から村上、東北へと繋《つな》がる文化と物流の接点でもあった。さらに眼前の日本海は中国、朝鮮、ロシアをも視野に入れた一大交流拠点であり、その中で北前船交易が発達した。

その新潟に初めて本格的に町建てをしたのが、当時長岡藩主であった堀直寄《なおより》である。徳川家康は、一六一五（慶長二〇）年に大坂夏の陣で豊臣氏を最終的に滅ぼすと、その二年後には腹心である堀直寄に新潟の町建てを命じている。江戸＝新潟枢軸で、日本全体を押さえようと考えても不思議ではない。しかも、当時外国に対していたのは江戸ではなく新潟であった。

北国航路は、蝦夷《えぞ》地から太平洋側を江戸に行く東回り航路もあったが、内海である日本海を行く西回り航路こそが大幹線であった。日本海は、北西の風の吹く冬の一時期を除けば穏やかな海である。木造帆船の時代、太平洋側よりはるかに安全性は高い。

蝦夷地の松前、江差、函館から秋田、能代、酒田を経て新潟へ。そこから佐渡小木、能登半島を回って三国、境、下関、関門海峡から瀬戸内海を経て、「天下の台所」であった経済都市大坂までの航路である。

新潟は単にその航路の地理的中心に位置するだけではない。経済の最大の戦略物資である米の一大集積地であった。信濃川を通じ、越後一円の米が新潟に集まったばかりではなく、阿賀野川を使って会津藩領である津川から会津米が新潟に届いた。

その米を当時は米の作れなかった蝦夷地に運び、代わりに俵物といわれた干しナマコ、干しアワビ、フカヒレ、昆布などを積んでくる。それを大阪などの西国まで運ぶのだが、実はこれら蝦夷地の産物が金に等しく評価されるのは、当時の中国であった。逆に中国の犀角《さいかく》をはじめとする薬種や漆塗りに使う光明朱《こうみょうしゅ》（鉛丹《えんたん》）は、日本では喉から手が出るほど貴重なものであった。

関門海峡を回り、瀬戸内海を大阪まで行く正規ルートとは別に、薩摩から琉球、中国に延びる交易ルートがあったはずである。

鎖国体制とは、国を完全に閉ざす体制ではない。貿易の果実を徳川幕府が管理し、独占する体制なのだ。そこに空いた南北の穴が、薩摩がその支配下の琉球と行う交易と、松前藩のアイヌを通じた山丹交易（山丹人＝樺太、沿海州のツングース系民族をいう）である。当時、日本海沿岸諸藩も何らかの形でこの流通ルートに関わっていただろう。

新潟上知（知行を返すこと）の直接の原因となったのは、薩摩船の新潟での難破であった。そこから明らかになった一八三五（天保六）年と一八四〇（天保一一）年の抜け荷事件は、このような経済的背景から起こっている。後に初代新潟町奉行となる公儀御庭番・川村修就《ながたか》による調査も、新潟で唐物（薬種、朱など）が、江戸より安値で売られているという風聞から出発している。

御庭番とは、八代将軍吉宗が紀州より直臣をつれ、将軍の警護や「内々御用」を直接下命した一七家の子孫たちである。将軍直属の情報機関といってよい。川村の報告書にあるとおり、譜代大名である長岡牧野家などに何の遠慮もないのも、その地位の高さによる。

結局、天保六年の事件では、新潟町の問屋若狭屋市兵衛ほかが入牢《にゅうろう》し、うち二名が獄死している。その後数次にわたる摘発があり、罪人はいずれも江戸に送られ、遠島二名を含む処罰が下ることになる。

川村は、よく知られる新潟港における抜け荷事件の報告書「北越秘説」のほかに、幕閣にあてた意見書に当たる「松前蝦夷地の儀に付御内々申上候書付」を提出している。

これによれば、松前藩主が近年若年での家督相続のため統制が行き届かず、汚職や抜け荷取引も横行している。問題は大坂に送られ、天下の竪米《たてまい》になるはずの北国筋の米が、松前から外国に流れていることだ。樺太における蝦夷人（アイヌ）とオロッコ（ウィルタ）との力関係、オロッコを通じて米と唐物の交換、さらにその先にある清にも触れて、阿片流入の危険にまで言及している。新潟の事件は、そのような流れで見なければならないこと。それゆえ「根本の松前を捨て置き、枝葉の新潟を糺《ただ》すのか。蝦夷地の上知こそが肝要ではないか」との趣旨である。そのための経営の試算や、統治計画にまで言及しているのである。

川村は当時の一流知識人であり、幕府中枢に直結する御庭番筋の者として、さまざまな情報に接す

川村修就

一七九五—一八七八。幕府官僚として当時長岡藩領だった新潟で密貿易の調査を行い、一八四三（天保一四）年六月新潟町が幕府直轄領に組み込まれると勘定吟味役から初代新潟奉行となる。一〇年間の在勤で砂丘部から町へ飛散する砂を防ぐための砂防林を造ったほか、新潟の風物を描かせた『蜑《あま》の手振り』が当時の新潟を知る貴重な資料になっている。

ることができる高級官僚であった。川村の考えには「米」こそは最重要の経済資源であり、米価の安定が国家の安定であるとの考えが見受けられる。これは一種の重農主義ともいえる。これは川村だけではなく、当時の日本の支配的思想である。

　しかし、川村の意見は聞き入れられることなく、一八四三（天保一四）年に長岡藩は幕府から、新潟町の上知を命じられる。その五年後、琉球交易により薩摩の財政を築いた薩摩藩家老・調所広郷《ずしょひろさと》は、幕府に抜け荷を追及され江戸で死ぬ。さらにその数年後、同じく抜け荷で加賀前田家の財政再建を果たした加賀の廻船《かいせん》問屋銭屋五平も、干拓にからむ濡《ぬ》れ衣《ぎぬ》を着せられ獄死する。

　いずれにせよ当時の北前船は、自ら売り買いする買積船であり、商業資本にとって物資のないところに、あるところからの物を運ぶことは経済の原理である。この仕組みには新潟商人たちだけではなく、長岡藩や会津藩、新発田藩、さらに加賀藩までも関係していたからこそ、新潟町の上知で政治決着する。

　当時の日本海は、想像以上の国際的広がりを持っていたと考えられる。この新潟港が、平成三一年に開港一五〇年を迎えた。

　安政五カ国条約による開港当時、新潟は阿賀野川が離れ水深が浅くなり、大型船が発着する開港場としては全く不適なものであった。それを補ったものが、新潟人による北洋漁業である。それは日本海を舞台とした長い交流の歴史のなかで育まれた。

　一八五六（安政三）年、越後国蒲原郡井栗村の大庄屋松川弁之助は、手代十数名を引き連れ箱館に渡る。ここには親類にあたる、出雲崎の鳥井権之助も同道した。さらにそこを足場とし、北蝦夷地（樺太）の漁業開発に乗り出す。それは、ロシアの南下に神経をとがらす当時の幕府の政策にも合致していた。そのため幕府は安政五年、弁之助を北蝦夷地御直捌場所差配人元締に命じ、名字帯刀を許す。

　明治に入ると露領沿海州での操業が始まる。その後、漁場はカムチャツカに移り、日露戦争の結果、樺太南部が日本領となると樺太での陸揚げ塩蔵漁業が花開く。

松川弁之助

　一八〇二―一八七六。井栗村（三条市）の大庄屋。箱館奉行組頭河津三郎太郎らに求められ、一八五六（安政三）年に家督を息子に譲って箱館入りし、幕府より箱館御用取扱役に任命される。箱館周辺の開拓、五稜郭、台場の土木工事を請け負う。樺太では直捌《じきさばき》所差配人として漁場を開発したが、越冬で多くの死者を出し、不漁も続いて莫大《ばくだい》な借財を抱える。弁之助は一八六二（文久二）年に職を辞して郷里へ戻っている。

その後、ロシア革命とシベリア干渉戦争を背景として一九二〇（大正九）年、沿海州邦人漁業の中心であったニコラエフスクで、日本人虐殺事件（尼港事件）が起こる。翌年函館では、輸出食品、堪察加《カムサツカ》漁業、日魯漁業の三社が世界不況を背景とし、企業合同することになる。それ以降、新潟人による小型木造帆船での陸揚げ漁業は衰退期に入ってくる。

そして北洋漁業はロシア革命による混乱、日露関係の悪化と白軍の敗退に伴い、ロシアの土地を使用しなくてもよい、母船式沖取り漁業に転換していく。そのためには缶詰加工技術と、そのインフラが必要になってくる。

新潟の漁業家も漁業から撤退する者、堤清六など合同会社の一翼を担う者に分かれていく。もはや個人の船主が、ベザイ船の延長で漁を行う時代ではなくなってきた。そしてその拠点は函館に移ることになり、再び新潟港に戻ることはなかった。

一　開港前夜──一八六八年の新潟

新潟港と会津藩

京都、鳥羽伏見で戦闘が始まったのは一八六八（慶応四）年一月三日。西暦では一月二七日、新潟開港三三九日前のことだった。それまで実質的な日本の統治機構であった徳川幕府は、一五代将軍徳川慶喜が数カ月前に大政奉還（＝政権返上）を行い、朝廷によって廃止される。しかし多数の藩（＝国）はそのまま残されており、日本はまだ一つの国ではなかった。天皇を中心とした新しい国の形は定まってはいない。

薩摩藩、長州藩を中心とする勢力と、終末期の徳川幕府を支えていた会津藩を中心とする勢力との、突発的な戦闘だった鳥羽伏見の戦いは結果的に、戦地を箱館まで北上させ、およそ一年続く内戦、戊辰戦争の始まりとなった。

いわゆる安政五カ国条約で横浜、長崎、箱館が即日開港してから既に九年がたち、この間神戸に続いて五カ国条約では開港場に含まれていなかった大阪の開港が決まる。新潟開港は一八六〇（安政六）年一二月九日と決定されていたが、いったん延期されて間もなく、条約締結の当事者だった幕府大老井伊直弼が江戸城桜田門外で暗殺される。政情は混沌《こんとん》とし、新潟の開港はさらに幾度かの延期を繰り返し、慶応四年一一月一九日と決まった。西暦では年が明けた一八六九年一月一日となる。

新潟では、開戦前年の九月に会津藩の呼びかけで越後諸藩の重臣が会合を開いていた。場所は新潟の料亭鳥清。この会合は一八六六（慶応二）年、第二次長州征伐のさなか、将軍徳川家茂が死去した将軍職空白の時期に一度開かれ、これが二度目の開催だった。

越後国内で、なぜ会津藩が諸藩を集めて会合を主導するのか。一つはこの時期、会津藩が高田藩を超えて越後で最大の領地を持っていたことによる。会津藩主松平容保は、京都守護職就任による出費の見返りに、主に越後各地の幕府直轄領＝天領を会津藩領として、もしくは会津藩預かりとして加増されていた。のちに戦場となった小出（魚沼市）、小千谷（小千谷市）がそれであり、現在の新潟市域では酒屋（新潟市江南区）、青山周辺（新潟市西区）が会津藩領となっていた。

もう一つは、会津藩が新潟港を欲していたことだ。内陸にあった会津藩は、会津藩領だった津川（新潟県阿賀町）の川港を主要港として、阿賀野川経由で新潟港を利用していたが、直接海に出られる港がほしかった。加増の際には幕府に対してストレートに天領新潟を望んだが、賜る中身に注文をつけるなと返答され、かなわなかった。そこで会津藩は、自領となった信濃川沿いの青山あたりから日本海に抜ける掘割を築き、そこを港とする計画を立てている。ちょうど今の関屋分水路あたりになる。津川からは、阿賀野川から小阿賀野川を経由して信濃川へ出て、少し下れば青山へ至る。信濃川と小阿賀野川の結節点にある酒屋も会津藩の管理下にあり、何かと都合が良かった。ただしこれは、戊辰戦争の拡大と敗戦により絵に描いた餅で終わる。

三度目の会合は二月、鳥羽伏見で勝利した新政府軍が、西国、東海の諸藩を恭順させ江戸へ向けて進軍しようとする時期に開かれた。場所は、会津藩領酒屋。会談の主題は、年内に開港する新潟港と新潟町の管理をいかに進めるかということで、権力が空白の間に新潟港と町を掌握しようという会津藩の意図が現れたものだった。この時、新潟奉行は、開港問題で江戸に呼び出されたまま新潟に戻っていない。

前年の鳥清会談と異なっていたのは、高田藩が参加していないことだった。高田藩はこのしばらく前に、全藩会議で新政府軍への恭順を決定していた。

戦火、新潟に迫る

鳥羽伏見で敗れた旧幕府軍兵士や旧水戸藩士らは、会津藩の抗戦を期待し、あるいは単に行き場を失った末に越後国内に流れ込んできていた。彼らは新潟町にもやって来て、金品を要求したり、強奪したりという事件を起こす。新潟奉行所は、既に幕府が瓦解した上に、奉行は江戸へ行ったまま行方知れず。武力鎮圧できる兵を持っていなかったために、仕方なく長岡藩家老河井継之助に事態の収拾を依頼した。新潟町はこの二五年前に上知され天領となる以前は長岡藩領であり、河井の父が新潟奉行を務めたこともある間柄だったからだ。新潟入りした河井は、旧幕府陸軍兵士を中心に編成されていた衝鋒隊《しょうほうたい》を新潟から退去させ、町の治安を回復する。

ただし、衝鋒隊はこの後与板（長岡市）へ向かい、与板藩から七〇〇〇両を強奪している。与板藩は本家の彦根井伊家に従い恭順を決めており、高田藩を除けば態度を明らかにしなかった越後諸藩の中では、孤立してしまっていたために割を食ったかたちだ。小さな新潟町から兵を退去させることはできても、越後全域の治安回復はもはや望むべくもなかった。

越後国内で最初の戦闘が行われたのは四月。旧幕府兵と高田藩（上越市）の間で繰り広げられた。高田藩は、旧幕府兵が自領を通過するのを黙認したことで新政府軍から恭順を疑われることとなり、致し方なく行った戦闘だった。この時には既に江戸城引き渡しが終わっており、明確な「朝敵」は会津藩と庄内藩しか存在していない。恭順を決めた高田藩にしろ、いまだ態度を決していなかった長岡をはじめとする越後諸藩にしろ、戦闘が起きないまま、たとえ起きてしまっても当事者にならないま

河井継之助

一八二七—一八六八。長岡藩士に生まれ、家老、戊辰戦争が始まると軍事総督に就任。北越戊辰戦争を主導するが、長岡城奪還戦の際の負傷がもとで死亡。

白石千別

一八一七―一八八七。神奈川奉行、遠国奉行を経て一八六五（慶応元）年新潟奉行に就任。「幕末外国奉行白石忠太夫日記」の著者。

ま通り過ぎてくれるのを期待していた。ところが、新政府軍が越後入りした閏《うるう》四月に入ると、状況は期待とは逆方向に向かって転がり出す。この年、旧暦では四月と五月の間に閏四月がはさまっていた。

東北では仙台をはじめとする諸藩が、会津藩主松平容保に対する新政府の苛烈な態度に抗議して、会津藩追討のために集めた兵を解散させる。福島城下では仙台藩士らが、奥羽先鋒総督府参謀として現地に入っていた世良修造を、傍若無人な態度に堪忍しきれず殺害してしまい、この時仙台にいた奥羽鎮撫総督九条道孝を軟禁。後戻りができない状況に陥る。

越後では高田に集結していた新政府軍が、会津代官所のある小出（南魚沼市）・小千谷方面、桑名藩代官所のある柏崎方面に兵を分けて進軍を開始。最初に般若峠（湯沢町）で会津藩兵と激突し、新政府軍は瞬く間に小千谷と柏崎を占領する。戦火は、長岡城の目前まで迫ってきた。

この間、新潟奉行は新潟に戻ることができずに江戸で辞職。最後の新潟奉行となった白石千別《ちわき》は神奈川奉行、外国奉行を歴任し外交に熟達した幕府官僚であり、新潟奉行就任は開港に向けた人事だったが、職務を全うすることはかなわなかった。

この頃身動きが取れなくなったのは白石だけではない。半信半疑のまま戦が始まってしまい、任地や領国に戻るタイミングを逃した人は少なくない。村上藩前藩主内藤信親は江戸から領国に戻れないでいる間に、養子の藩主信民が自死している。長岡藩家老河井継之助は、鳥羽伏見の戦いが始まったときは藩主とともに大坂におり、エドワード・スネルの手配で船に乗らなければ戻ってくることができたか疑わしい。桑名藩主で会津藩松平容保の実弟でもある松平定敬は、不在の間に藩が恭順を決めてしまったために領国へ戻ることができず、河井の船に同乗してようやく桑名藩領の柏崎にたどり着くことができた。本国が恭順しているのだから、松平定敬さえ来なければ柏崎では戦闘にはならなかったはずで、柏崎の人々にとっては迷惑な話ではあった。

色部長門

一八二六―一八六八。上杉家重臣の色部家に生まれ、米沢藩家老。藩の越後国総督として越後入りし、新政府軍上陸時に新潟を守備していた。海岸沿いに同盟軍の撤退を指揮したのち新政府軍と戦闘となり自刃。自刃した場所は現在の県立新潟高校付近で、一九三二（昭和七）年に追悼碑が建てられた。

諸国垂涎の地

白石に代わって奉行代理となった田中廉太郎の使命は、開港ではなく奉行所の閉鎖だった。この時田中は、奉行所閉鎖後の町の管理を会津藩ではなく、米沢藩家老色部長門に依頼する。治安悪化は会津藩士が入ってきたことが原因だとして、新潟町人は会津藩を嫌っており、会津藩では町の管理はおぼつかないという判断だった。色部家は代々の上杉家重臣で、出自は胎内市。国元の米沢（山形県）では越後を上杉家の「本国」と呼び、情の上では近しかった。委嘱された色部はしかし、新潟町を「諸国垂涎《すいぜん》の地」であるとして受け取りを躊躇《ちゅうちょ》している。

この五月には、間もなく会津藩軍事顧問となるヘンリーと、横浜から大量の武器弾薬を持ち込んだエドワードのスネル兄弟が新潟港に入港。まだ開港はしていなかったが、スネル兄弟の他にも何人かの外国人が新潟入りしていた。長岡藩河井継之助は、開港地横浜で武器を入手するルートを確立しており、その輸送には新潟港を利用した。当時日本に三門しか存在していなかったガトリング砲のうち二門と、その他大量の武器を新潟港から運んでいる。この後、奥羽越列藩同盟が成立して同盟軍として新政府と戦うことになるが、自身のルートから同盟諸藩が最新の武器を輸入できるよう助力しており、新潟町は開港以前に、町の創建から初めて、軍事拠点としての重要性が浮かび上がっていた。もとより会津藩は新潟港を欲しており、色部の躊躇は、戦火が迫って重要度が増した時期に米沢が預かることが、同盟に亀裂を生みかねないという判断だった。

田中が、藩祖上杉謙信の名を出して説得したことで色部はようやくこれを引き受け、以降新潟町は米沢、仙台、会津、庄内藩の代表者による新潟会議所が共同管理することになる。

官軍上陸

新政府軍に「中立」の立場が受け入れられなかった長岡藩が、奥羽列藩同盟に加盟。長岡と、既に新政府軍が占領していた小千谷とを結ぶ榎峠で新政府軍と激突したのは五月上旬のこと。すると態度を明らかにしていなかった村松、村上、新発田藩などが次々と同盟に加盟して戦火は広がり、同盟軍側の補給地として新潟港はますます重要性を増していった。

新政府軍が五月一九日に長岡を占領した後、戦線が延びたこともあって戦況は膠着《こうちゃく》する。この膠着を打開するために、同盟軍は長岡城の奪還を計画し、新政府軍は新潟港の占領をもくろんだ。両者の作戦は、くしくも同日に実行された。

七月二五日、西暦では九月一一日、前夜から城の北東に位置する沼地八丁沖をひそかに渡った長岡藩を中心とする同盟軍が、城下を急襲し長岡城の奪還に成功する。一方新政府軍はこの日、新潟町の北にある太夫浜・松ヶ崎に一二〇〇人の兵を上陸させ、阿賀野川右岸に陣を築く。この時同盟軍が新潟に配備していた兵は、米沢藩三〇〇〜四〇〇人、会津藩と仙台藩合わせて一〇〇人、信濃川を挟んだ沼垂側に新発田藩二〇〇人。新政府軍の半数程度の規模だった。

二六日に新政府軍が阿賀野川を渡河すると同時に新発田藩が新政府軍側に寝返り、新政府軍とともに信濃川を渡河して新潟町に入る。「裏切り」といわれるが、新発田藩はもともと藩論は新政府寄りだったのが、国境を接した会津、米沢藩に脅されて致し方なく同盟に加わった経緯があった。これによって同盟軍は総崩れとなり、米沢藩家老色部長門は退却のさなか、新潟の隣村である関屋（新潟市中央区）で討ち死にした。新政府軍上陸の知らせが長岡に届いたのが翌二七日。新政府軍は二九日に新潟町を占領、同日長岡城も再占領し、同盟軍を会津に追い込んでいく。

戦火にのまれた新潟町では、新政府軍による放火でおよそ五〇〇戸を焼失。同盟軍に協力的だった商家は、町人たちの目の前で打ち壊しに遭った。戦争が始まって以降、越後では各地で繰り返された出来事だった。同盟軍が新潟港から輸入して運び出せなかった武器弾薬は相当数残っており、新政府軍はこれらを接収。新潟港は薩摩藩士らと食料、同盟軍が残した武器弾薬を北海道に運ぶ中継基地となった。金巻新田（新潟市西区）には、新潟占領後の八月から一一月半ばまでの間、延べ一三〇〇人の人足を出した記録が残っている。新潟港は、戊辰戦争はじめは同盟軍の重要拠点、箱館戦争では新政府軍の中継基地となった。皮肉なことに開港前のこの時期が、新潟港が最も重要性を帯びた時だった。

二　新潟開港

九日前の開港通告

慶応改め明治元年一一月一九日（西暦一八六八年一月一日）、新潟はようやく開港する。安政五カ国条約に開港を明記されてから一〇年がたち、開港業務は条約を批准した幕府ではなく、まだ形の曖昧な明治政府によって行われた。

長岡藩の降伏から二カ月しかたっておらず、箱館戦争は続いていた。新政府中枢の体制がまだ整っていないのだから、地方はさらに混沌としていた。他ではこの頃まだ藩が温存されていたが、戦地となった新潟県内は、新政府軍が占領した場所に次々と越後府（当初は高田、後に水原）や柏崎県や水原県などを立てていったから、混乱の度合いは一層激しい。

明治政府が諸外国に対して新潟開港を通告したのが、開港九日前。開港と通関事務を行う職員が新潟に到着したのは開港から一カ月以上もあとで、イギリス領事の方が先に新潟に着任していた。しかも到着してみたら、新潟町にあると聞かされていた「新潟府」は、どこにも存在していない。

戊辰戦争中に立ち上げられ、既に廃止されているはずの越後府は、知事の四条隆平がまだ長岡にいたためなんとなく残っており、代わって立ち上げられているはずの新潟府は、知事に任命された西園寺公望が就任を固辞したまま新発田を動かなかった。このために新潟府の開設業務は、宙に浮いていた。イギリス領事に手続きの遅れを非難されながら、行政不在のまま開港業務が開始されている。開港場新潟港の明治元年は、実績のないまま暮れていった。

開港前の諸外国との取り決めで、補助港としての夷港（佐渡市両津）との間で蒸気船を就航させることになっていたが、それが整ったのはずいぶん後になってからだった。

一八五八（安政五）年に締結された日米修好通商条約での新潟の扱いは、締結翌年の一二月、西暦では一八六〇年一月一日の開港とされ、難しい場合は日本海側の別の港を開くという注釈が付いてい

新潟港の囲い船
(明治前期、新潟市歴史博物館蔵)

た。

諸外国からは当初、日本海側で二港の開港が求められていたところ、幕府側の回答は新潟一港のみで提案されていた。政権は既に混乱期に入っており、開港のために他藩から港を取り上げて幕府領に組み入れるのは難しく、この当時天領だった新潟と佐渡以外は論外という背景があった。しかし諸外国は調査の結果、新潟港は水深が浅すぎるとして七尾港(石川県)など別の港を希望。折り合いが付かずに開港が延期され、そのうち幕府が機能不全に陥ってしまった経緯があった。

新潟港では、冬場の季節風や台風の時には信濃川の川岸に船を陸揚げして避けていたが、外国船は河口に入ることも陸揚げすることもできないため避難場所がない。幕府は湾である夷港を避難できる補助港として「二港」開港したことにして押し切っていた。

開港が遅れた九年の間に生糸が主要な輸出品となり、主産地の群馬県から横浜港へのルートが確立された。五カ国条約締結当時に調査を行った諸外国の新潟に対する評価は、水深が浅いことを除けば有望な貿易地になりうるとして、決して低くはなかったが、開港の遅れが新潟港の重要度を低下させた感は否めない。

原野に建った擬洋風

運上所(のちに新潟税関に変更)の建設地は、慌ただしく決定された。建設地の住所は「字船繋場」、一九三四(昭和九)年に編纂された『新潟市史』に「草原茫漠として相連なり」と描かれた、半ば湿地帯の、原野のような場所だった。船繋場《ふなつきば》という名で分かるように、建設地は信濃川に面した船の係留場所で、江戸時代に無税で係留できる場として設定された場所だった。

現在は税関庁舎より川寄りに、新潟市歴史博物館みなとぴあなどが立っているが、ここは昭和に入ってからの埋め立て地であり、税関庁舎前に再現されている堀が当時の信濃川を模したものだ。船繋場は庁舎建設に合わせて緑町と町名変更され、昭和に入ってからの埋め立て地は柳島町と名付けられる。現在見られる税関前の堀がその境界になっている。

明治初期の新潟税関周辺
（新潟市歴史博物館蔵）

着工は一八六九（明治二）年三月。一帯の土盛りから始まって一一月七日に竣工し、翌日から慌ただしく開所した。総工費は四九五三両二朱二二文二分。まだ円ではなかった。建坪は一一六坪、物見の塔屋を持つ平屋建ての擬洋風で、棟梁《とうりょう》は新潟町の大工が務め、工事は全て日本人の手で行われている。

既に開港しており、イギリス領事ラウダも着任していたため、工事の間は毘沙門町の民家と、上大川前通十一番町の間瀬屋佐吉所有の土蔵三棟を借りて通関業務が行われた。税関が建設された緑町と上大川前通十一番町の間は一キロ弱と相当離れているが、この間には町がなく「相連なり」の草原の一部だったため、当時としてはこれが最も税関に近いところで確保できる建物だったようだ。建設に合わせて緑町から上大川前通十一番町に直線道路が造られ、湊町通り（通称＝運上所道）となった。この通りに面した湊町通一から四ノ町のうち、税関に近い四ノ町は一八八〇（明治一三）年の大火の後、主に鍛冶屋が移り住んで鍛冶町と呼ばれたという。湊町通りは新潟で最初に電信線が敷設された場所だが、今より火事が恐れられていたこの頃に、火を扱う鍛冶屋がまとまって移転できたということは、周囲にはまだ家並みがなかったということだろう。税関庁舎は建設から少なくとも一〇年ほどは、ぽつんと立つ様子が遠くからも眺められたはずだ。

河川港の悲哀

通関業務は庁舎建設と並行して行われ、明治二年は貿易船の出入港がイギリス、アメリカ、オランダから計三六隻、輸出一万二三七九円五三銭五厘、輸入二一二三円五五銭四厘。主な輸出品は福島県産の蚕卵紙で、輸入品はろうそくや石けんなどの雑貨類。前年に開港した神戸港が初年の輸出四五万円、輸入六八万円からスタートしたのと比べると、悲惨と言うほかない成績だった。

第一の問題は、水深の浅さだった。新潟港は、日本最長の信濃川河口港であり、上流から運ばれてくる大量の土砂が絶えず流入し、水深を浅くする構造的な問題を抱えていた。しかも港といっても、船を横付けする埠頭《ふとう》があるわけではなく、ただの川である。木造の和船でも大きくなると税関前まで

旧新潟税関庁舎
1969（昭和44）年に国の重要文化財に指定。周辺は住宅地となり、地形も変わっており、150年前の面影はない。

来ることができず、沖で艀《はしけ》や小舟に荷物を降ろし、空船にして吃水《きっすい》を上げてからようやく船繋場、つまり税関付近に係留することが可能だった。大型の洋帆船は沖に停泊して艀で荷を積み降ろしするしかなく、海が荒れればそれさえも不可能だ。

船の荷を運ぶ艀や小舟も、江戸時代からこれに従事してきた人々がおり、使うことはできたが、費用も時間も掛かる。江戸時代の国内流通においては、そのコストに見合う米という商品があったが、欧米諸国にとって米はそれほど魅力のある商品ではなかった。

町には一八六九（明治二）年のうちにイギリス、ドイツ、オランダの領事館が開設され、次いでアメリカ領事館も開いたが、オランダ領事館の開設期間は一年足らず、アメリカ領事館はわずか一カ月あまりで撤退してしまう。一八七八（明治一一）年に新潟を訪れた、イギリス人旅行家イザベラ・バードがその著書『日本奥地紀行』の中で、開港地であるにもかかわらず欧米人が少ないことに驚いている。最も多かったのは一八七六（明治九）年の二一人だった。最後まで残った領事館は下大川前通三ノ町、いまの新潟グランドホテルのあたりに自前の建物を持ち、貿易商も兼ねていたドイツ領事館だが、これも一八八二（明治一五）年に撤退してしまった。

新潟税関で作成された年ごとの記録（『新潟税関沿革史』）には、貿易額の少なさを嘆く記述がところどころに顔を出している。開港翌年の一八七〇（明治三）年は、アメリカ、イギリス、オランダの船舶一八隻、総トン数で六七七五トンが入港したが輸出総額は六〇〇〇円余り、輸入は一万六〇〇〇円ほどにしかならなかった。つまり、新潟では積み荷のほんの一部を出し入れしたに過ぎない。船舶は横浜―函館間を回漕する途中で新潟に寄るため、新潟税関で通関手続きをしたものが「果たして何地へ向けしやは不明」、どの国へ輸出されるかも、あるいは結局輸出されないままとなるのかも分からないという話になる。新潟に滞在していた外国人の身の回りの品は入ってきていたが、そのうちの多くは横浜港から回漕されてきたものだった。

一八七三（明治六）年は入港が一隻で輸出総額わずか四五二円、輸入はゼロ。輸出品として通関したのは干しあわびと漆器で、明治三年の記述と同じ嘆きとなる。

本品をして輸出物品と名称するは過当なるものなり。輸出税を徴収したるをもって輸出物品視せらるるのみ。本品はすべて横浜港へ回漕したるものにて果たして外国に輸出したるや否やは不明に属す

そしてこの年を次のように総括している。

要するに本年間出港《ママ》における貿易は名実相伴わず不振の極みと言うべし

一八七八（明治一一）年と翌年は中国で大凶作が起こり、新潟から米が輸出されたため一時的に数字が跳ね上がったが、この特需が終わった一八八〇（明治一三）年は外国船舶の入港はゼロで輸出入総計は四〇二円。同じ年、貿易額の少ない函館港でさえ輸出入総計は九七万円あり、全国では六五〇〇万円。この中の四〇二円は誤差の範囲でしかなく、新潟税関の記録には「不開港場に異ならざるごとき」、つまり開港していないも同じだと記されている。当時の新潟では、欧米諸国が水深の浅さを超えても輸入したい物品が存在せず、また新潟町側でも同様のコストを掛けてでも輸入しなければならない物品もなく、輸出入を必要とするような新たな産業も起きてはいなかった。そして何より、当時の新潟には貿易会社がなかった。

もっとも、貿易会社は明治一〇年頃までに設立されていたのは三菱会社、三井物産、大倉組など全国でもわずかしかなく、貿易のほとんどは外国商社の扱いではあった。

三　新潟のまち

河川港の利得

確かにこの頃新潟港の水深は浅く、昭和に入ってもこの問題を引きずっていた。しかし、鉄道も自動車もなかった当時において新潟港は、これ以上ない良港でもあった。信濃川と阿賀野川、その支流によって、新潟港は舟運の大きな後背地を持つことができていたからだ。

関東に向かっては信濃川から魚野川を通じて六日町（南魚沼市）、会津に向かっては阿賀野川で当時会津藩領だった津川（阿賀町）。蒲原平野には信濃川とほぼ平行する中ノ口川があり、阿賀野川とほぼ平行する栗ノ木川があり、阿賀野川と信濃川をつなぐ通船川と小阿賀野川があり、河川は大小の潟ともつながり、船で縦横無尽に行き来することができた。

新潟のまちは一六一七（元和三）年、長岡城主堀直寄が港町として整備したのを原型とし、一八四三（天保一四）年に幕府直轄地になるまで長岡藩領だった。

町の創建当時、阿賀野川の流路は今とは異なる。阿賀野川は、現在河口のある松浜（新潟市北区）で砂丘に阻まれ、大きく南西に曲がって新潟町の目前まで進み、信濃川と河口で合流してから日本海に注いでいた。信濃川の流量は日本一、阿賀野川の流量は第二位。信濃川が運んでくる大量の土砂を、水量が多い割に全長の短い阿賀野川の水が沖まで押し流すことで、港の水深が保たれていた。ただし、この二つの流れが衝突して渦を巻き、岸を削り、中州をつくり、それらをまた押し流しと繰り返すため、土地の形状は常に一定ではなかった。一六五五（明暦元）年には、寄りついた砂州によって川から遠く離れてしまったために、町ごとその砂州へ移転。現在の古町はこの時からのものだ。

ちなみに、古町は当初は本町という名だったが、後にできた通りの方が栄えたことで「本町」の名がそちらに移され、古い本町を略して古町と呼ばれた。

阿賀野川が信濃川河口と離れ、現在地に河口が移動したのは一七三一（享保一六）年。対岸を領有

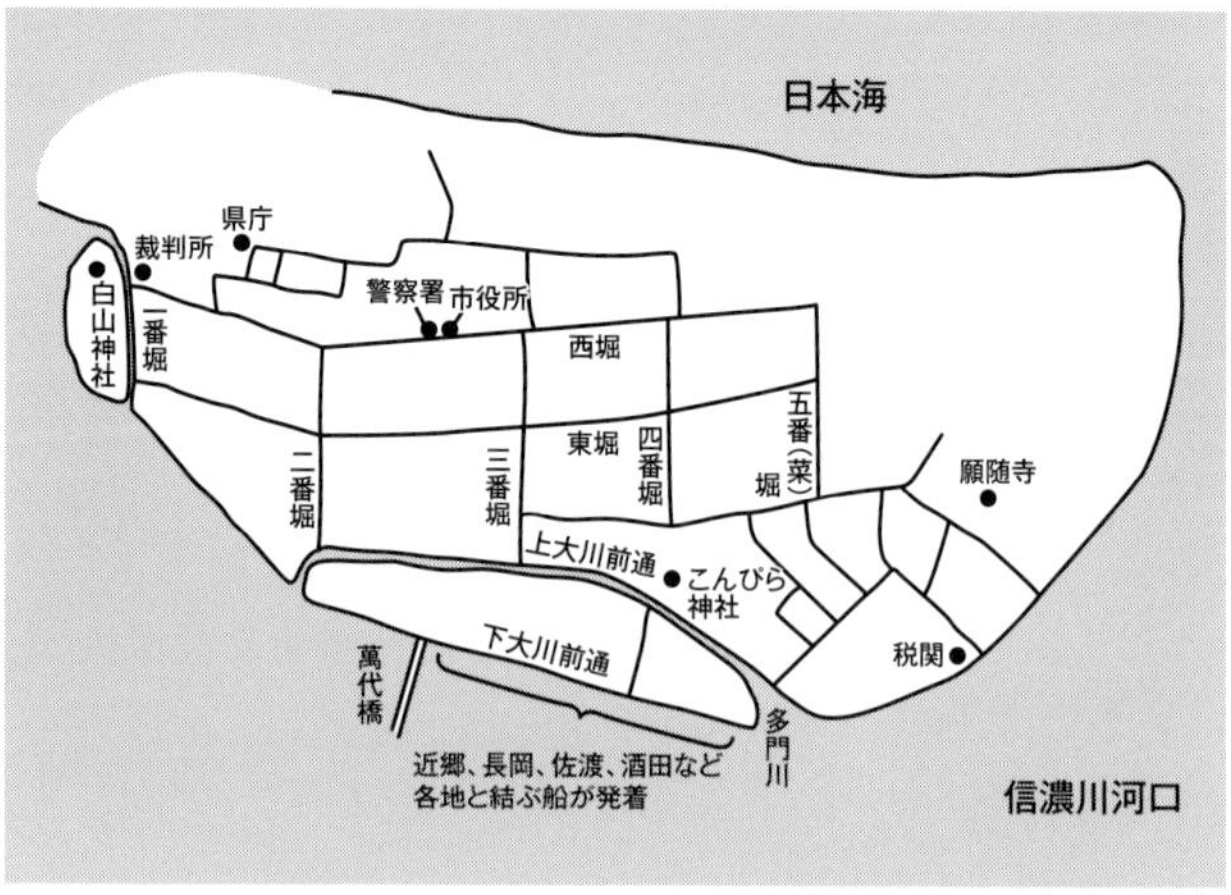

新潟市堀の配置図
「明治29年新潟市商業家明細全図」から作成

していた新発田藩が、新田開発のために増水時だけ阿賀野川の水を日本海に流す水路を築いたところ、春の雪解け水でこの水路が修復不可能の本流になってしまった。水量が半分近くに減ってしまった新潟は、堆積物が川底に溜《た》まることによる水深低下に悩まされるようになった。開港後、水深が浅いためにほとんど貿易実績が得られなかったが、和船でも大きな船の入港には支障をきたし、江戸時代半ばからは出入船は減少していた。ただし、分かるのは船の数だけで大きさが定かでなく、金額ベースでの毎年の調査などは残っていない。記録のある一六九七（元禄一〇）年が、最も新潟港が繁盛した時期だといわれるが、確かであるとは言えない。

町の構造

新潟の町は、信濃川河口部を港として、これに面したところが市街地となっており、現在で言うと昭和大橋から下流の信濃川左岸だけ、現在の新潟市域と比べると中央区のほんのわずか一部だけが新潟市（一八八九年市制施行当時）だった。対岸の沼垂町と合併するのは一九一四（大正三）年のことである。

合理的に荷物の集散と運上金の徴収を行うため、長岡藩によって競争回避と人口流入の抑制が長く続いたため、港と流通以外では町の人々の生活物資を作る程度の産業しかない。

新潟港というのは萬代橋より川下を指し、多くの船が川で投錨《とうびょう》、川まで入ってくることが不可能な大型船は沖で投錨し、艀や小舟で人や積み荷を岸まで運び、あるいは堀を伝って市街の中まで運んだ。萬代橋は一八八六（明治一九）年に有料橋として架けられたが、架橋からしばらくは渡る人が少なく、補修費用がまかなえずに所有者が交代している。橋の渡り賃は、渡し船の船賃よりも低く設定されていたが、多くの人は舟を選んだ。それほど、新潟と近郷の人々は舟に慣れ親しんでいた。街の中へは水売り、野菜売り、薪炭売りも舟でやって来るのだ。

港の機能に特化した町は、道路で見るより堀で見る方が構造が分かりやすい。白山神社のある方が「上＝かみ」で、白山神社のあった白山島と新潟町の間に一番堀、そこから五番まで平行して堀が引

多門川
他門川ともされるが「新潟市商業家明細全図」（一八九六年）の表記とした。

かれ、最後は五（御）菜堀と呼ばれた。これに交差して一番堀から五菜堀まで貫いているのが西堀と東堀。市役所、警察署のあった西堀通は寺町でもある。西堀通の西側、寄居町、東大畑、南浜通にも堀があり、一本延びて切れている先は、今は消滅している異人池があった。

新潟に船で入ってくる人々からすると町の正面、入り口となるのは河口に面した、現在では「しもまち」と呼ばれるエリアである。上大川前通に面して多門川が流れているが、多門川の東側は江戸時代に川中で成長した中州で、かつて上大川前通は単に大川（＝信濃川）前だったのが、明治初年にこの中州を市街化したために新たな大川前ができ、上と下とに分かれた。従って、江戸時代から続く廻船問屋や米問屋などは、元からあった上大川前通に店を構えている。

港から船で入ってくるもののうち、米、塩、材木などの商店は、上下の大川前と、多門川の下手、川口付近の並木町、舟場町など、信濃川か多門川に面して軒を連ね、多門川下手から市街に入ると間もなく金比羅神社。この一帯厩島は幕末近く、新潟が長岡藩領から天領になった後に中州を市街化した新地だが、船客、船員、商売人が多く集まるためこの頃は夜市が立つ繁華街だ。五菜堀に面した十一番町、十二番町は食品の問屋、仲買が集まる現在で言えば流通市場になっていた一角で、特に市内で流通する鮮魚は全ていったんここに集められ、鮮魚店や振り売り（行商）に卸されていた。

江戸時代の奉行所は砂丘を背負った西堀沿い、この当時の市役所の場所にあった。川に向かって大きく開き、防備の点では開けっぴろげな町ではあるが、この場所が最も奥まっている。白山神社と町の間は一番堀だが、神社一帯はもとは中州で、一番堀が川の一部であり、裁判所のあたりには米蔵が並んでいた。

新潟商人

新潟港は「北前船の寄港地」と呼ばれる。北前船というのは一般的には買積船を指し、価格の安いところで買ったものを高いところまで運んで売ることで利益を得ていた。日本海側では富山、能登、佐渡などで北前船の船主が富を蓄積していたが、新潟は「寄港地」である。買積経営よりも、寄港した買積船の荷を売さばき、新たな荷を売る手数料や宿、物資などの提供、金融などを商う廻船問屋が、新潟では最も富裕でステイタスの高い商売だった。基本的には、リスクを冒さず待って迎える港町で、頂点に立つ廻船問屋の下にさまざまな業種と、多くの日雇い労働者がいた。

買積船が新潟港に近づくと、最初にこれを迎えるのは浜の小屋で見張っている廻船問屋の手代たちである。小舟を出して船まで行き、さまざまな商品の新潟での相場を伝え、このやりとりで船が入港するか通過するかが決まる。

入港が決まると店の主人と水戸教《みときょう》に知らせが走る。水戸教は、日々深さや流れが変わる港の水深を測って安全な船の航路を確保していた事業体で、伊藤仁太郎が代々世襲していた。水戸教からは「天渡船《てんとせん》」と呼ばれた船が二艘《そう》、買積船の迎えに差し向けられる。手代が詰める小屋の経費、水戸教の迎えの費用は廻船問屋の共同負担だ。

過去に入港したことのある船であれば、同じ廻船問屋を利用する取り決めになっており、新たに入ってきた船はくじ引きで決定される。船の側からは、廻船問屋側によほど非がない限り替えることはできない。

廻船問屋は、船の積み荷の売り買いを代行するほか荷物の一時預かりや為替業務を行い、滞在中の宿にもなっていた。船の乗組員を宿泊させるのは、廻船問屋の下に「小宿」と呼ばれた商売があり、港内での船の運航と荷降ろしのサポートには先述の天渡船の他に「艀下船道《はしけふなどう》」があり、荷造りと蔵入れ蔵出しには「小揚」があり、新潟では多くの人々が外からの船の出入りによって生計を立てていた。

廻船問屋は大問屋と小問屋があって職域は区分され、新規参入を制限する株仲間が設けられていた。その数は時代によって多少の変動があり一七二〇（享保五）年で大問屋が四八、小問屋は三四だった。ただし、出入船が減っていたために、幕末近くではこの半数近くが休業していた。株の譲渡はできるが、大問屋は新潟町に屋敷を構える者しか開くことができず、狭い新潟町では屋敷地の確保が難しいため二重の参入障壁があった。

廻船問屋に連なるさまざまな職種も、株仲間によって参入が制限されていた。長岡藩は領有していた間、その管理コストの点から一貫して新潟では人口抑制策を採っており、都市の繁栄、拡大よりも安定的な港の流通と藩に入る運上金の円滑な徴収に重点が置かれていた。長岡藩は、参入障壁で商人の既得権益を保護する一方、町の管理を富商の合議に委ねて奉行所に配置する人員を減らすことができ、運上金（税）、藩が必要の際に徴収する御用金の円滑な徴収を可能にしていた。農村部で富農を庄屋として半ば役人の立場にし、年貢の円滑な徴収を図るのと同じことで、廻船問屋は新潟商人の中で最もステイタスが高かっただけでなく、行政、警察、裁判権の点でも町民の上に立つ存在だった。港に特化した計画的、人工的な町であったため、農業はなく、製造業も住民の需要に応じるほかは特に産業はない。新潟町は、信濃川と阿賀野川による後背地と、そこから集められる米を主な商品として、これを求めて入港してくる船を待っていれば良かった。

江戸時代から知られた富商では、廻船問屋ではなく酒造を主な生業としていた三国屋が一時買積経営を行い、間瀬屋（廻船問屋）が北洋漁業に参入するが、こうした環境で長年過ごしてきた町では、リスクを負って外へ出て行く形態は少数派だった。明治の間は地元紙で北洋漁業（当時は「露領漁業」と呼ばれた）や漁業家が記事になる回数も少なく、新潟の政財界からは一段低く見られていたようだ。

間瀬屋

江戸時代半ばに間瀬（新潟市西蒲区）から新潟町へ移り、廻船問屋を営み間瀬屋佐右衛門を襲名。元治年間（一八六四—一八六五）に「繁盛なりしは十一、二軒」とされた新潟町の大問屋の中に間瀬屋佐右衛門の名がある。

四　北洋へ

新潟港歴史上最も記録すべき年度

新潟税関がその公式記録（『新潟税関沿革史』）に「不開港場に異ならざるごとき」と記録したのは一八八〇（明治一三）年。その後も状況は変わらず、一八八五（明治一八）年と翌一八八六（明治一九）年は輸出入ともゼロで「筆叙すべき事項なし」とあるのみ。この二年分の記述は、わずか二九文字しか費やしていない。

ところが一八八九（明治二二）年は六〇五文字を費やし「新潟港歴史上最も記憶すべき年度とす」

と記した。この年初めて、新潟港からロシアとの直航貿易が行われたのだ。新潟港は開港以来、外国船の姿を見ることはまれで、輸入といえば新潟に居住する一〇人内外の外国人の身の回り品程度しかないまま、十年一日のごとく過ぎていた。この年、新潟港から出国した船はこの一隻のみ、それも総トン数がわずか六六トンの帆船だったが、開港から二〇年を経てようやく、開港場としての実績を上げた。

この直航貿易では、行きに新潟から米、酒、醤油《しょうゆ》、茶などを積んでウラジオストクへ輸出、帰りにウラジオストク周辺の沿岸で漁業を行い、漁獲した五一トン余りのサケマスを新潟に積み帰る。ロシア沿海州の豊かな漁業資源に注目が集まったことから、新潟の北洋漁業のさきがけとされており『新潟県北洋漁業発展誌』でもこの経緯は詳しく紹介されている。

初直航貿易までの経緯については、これまで『新潟市史』では一八七九（明治一二）年に設立された新潟物産会社が同年試みたがうまくゆかず、同社手代だった伏見半七がウラジオストクに滞在して現地調査を行った末、帰国後の一八八五（明治一八）年に、高橋助七とともに新潟商会を設立しウラジオストク貿易を開始。ところが、これもうまくいかずに数年で解散した後、伏見が関矢儀八郎とともに帆船魁丸《さきがけまる》で初貿易を成功させたのが一八八九（明治二二）年。その後、新潟と浦潮斯徳《ウラジオストク》の頭文字を取った、新浦商会を設立したということになっている。資本金や会社名などに差異はあるが、新潟港の直航貿易の始まりとして、おおむねこのような記述がされてきた。

1889（明治22）年新潟税関の輸出入

品名	数量		価格（円）
白米	475	担	1314
食塩	43200	斤	348
菓物	6698	斤	136
清酒	1190	升	161
糸網	12	個	50
布団	55	包	46
製茶			25
薄縁	100	枚	22
畳	50	枚	17
菓子	300	斤	17
味淋	36	升	15
菓物漬物	105	升	13
焼酎	76	升	12
ブランデー(和製)	50	缶	10
葉烟草	100	斤	8
竹材	400	本	7
醤油	40	升	5
茄子漬	10	樽	2
梨子（船用品）	5	個	1.05
木炭（船用品）	5	俵	1
醤油（船用品）	1	樽	0.6
味噌（船用品）	5	樽	0.6
輸出合計　2,211円250銭			

品名	数量		価格（円）
塩鮭	43130	斤	920
塩鱒	42500	斤	557
輸入合計　1,477円			

「新潟税関沿革史」より作成

この年新潟港の出入港船舶は3隻で、うち1隻が光正丸。新潟港から出港しているのは光正丸のみで、露領シベリヤから入港した内国日本形船（476石）と露領ウラジオストクから入港した内国汽船（591t）が記録されている。輸入はこのほかに持参しそのまま持ち帰ったらしい食塩、糸網、葉烟草332円があり、同年の合計は1,809円。ちなみに、この前年の輸出入は船舶用の補給品のみで16円90銭だった。

新潟物産会社

「新潟市統計概表」（一八八九）によれば、一八七九（明治一二）年一二月設立、資本金三万円、本社上大川前通十番町。営業種目は物産以来売買および精米となっている。

伏見半七

一八五二—一八九四。沼垂（新潟市中央区）に生まれ、新潟町の廻船問屋、新潟物産会社を経て新潟ウラジオストク貿易の発展に尽力。

高橋助七

一八五四—一九三三。一〇三ページ参照

関矢儀八郎

一八五八—一九二四。刈羽郡枇杷島村（柏崎市）に生まれる。新潟市で漢学教師を経たのち東北日報、自由新報記者。一八八九（明治二二）年県会議員初当選。翌年伏見半七のツアーでウラジオストクを視察。一九〇二（明治三五）年には衆議院議員に初当選。その後北洋漁業に参入し、露領沿海州水産組合設立後新潟支部長となる。一九一七（大正六）年から再び衆議院議員として国政で活躍。

ところがこの話は『浦潮斯徳との貿易と伏見半七について』（「越佐研究」六一　田宮覚）によって否定されている。まず、一八七九（明治一二）年の新潟物産会社によるウラジオストク貿易は、品川から出航しており新潟港との直航貿易ではなく、手代伏見半七は確かにウラジオストクに渡航しているが、一八八五（明治一八）年に新潟商会は設立しておらず、一八八九（明治二二）年にウラジオストクへ一緒に行ったのは、関矢儀八郎ではなく七尾（石川県）の西尾与平であり、船は魁丸ではなく西尾が所有する光正丸であるという。関矢がウラジオストクへ渡ったのは、一九二八（昭和三）年に建てられた関矢の事績を偲《しの》ぶ石碑にもあるように一八九〇（明治二三）年であり、この時の航海には同行していない。

詳しくは同書を見てもらうとして、初の直航貿易が一八七九（明治一二）年の新潟物産会社だったという話は、一九三四（昭和九）年発行の『新潟市史』にも既に見られ、一八八五（明治一八）年の新潟商会設立、一八八九（明治二二）年の貿易実績（ただしこの『市史』は汽船としている）の後に沿海州へ出漁する船が新潟に集まるようになり、これに刺激されて対岸への関心が高まり、一八九六（明治二九）年のウラジオストク定期船就航に繋がっていくという筋書きだ。一九〇三（明治三六）年に編纂《へんさん》された『新潟税関沿革史』を見れば、新潟港を出入りした船舶が把握できるため、明治一二年の新潟港に入ったのは、横浜へ向かうイギリス汽船一隻のみだったこと、一八、一九年は一隻も出入りがなかったことから矛盾があるのはすぐに分かるのだが、戦前には既に「伝説」ができ、そのままさまざまな肉付けが施されていった。

伏見半七は後に詳しく述べるとして、関矢儀八郎は安政五カ国条約が結ばれた一八五八（安政五）年生まれ。刈羽郡枇杷村（柏崎市）の出身で、新潟市にあった北越学館の漢学教師から新聞記者を経て、新潟港初の直航貿易の年から県会議員、のちに衆議院議員となる。県会議員は一八九二（明治二五）年でいったん辞めており、その後北洋漁業家として出漁、日露戦争終了後に設立された露領沿海州水産組合の初代新潟支部長となった。高橋助七は一八五四（安政元）年生まれで、現在の株式会社高助（本社新潟市）と高助合名会社（本社上越市）の基礎を築いた人物。海運など、明治期の新潟で始まったさまざまな事業に関わっているが、この後しばらくして北洋漁業を開始している。

新潟物産会社は、一八七九（明治一二）年に三菱会社と新潟の資本が共同して設立した商事会社で、新潟では一八七七（明治一〇）年の新潟米商会所に次いで二番目に設立された株式会社となる。新潟の関係者は廻船問屋の鈴木長蔵、鈴木長八、米穀商藤田文二らで、第四国立銀行の大株主だった小千谷の豪商西脇家の、西脇悌次郎が東京支店に入っている。この頃は既に横浜の開港から二〇年を経ていたが、貿易のほとんどが外国商社の手によるもので、日本の貿易会社は新発田出身の大倉喜八郎による大倉商事、三井物産会社、三菱会社など数えるほどしかなく、貿易会社の設立と育成は政府の課題でもあった。国内貿易振興の在野における主唱者は福澤諭吉であり、西脇は慶應義塾で福澤の薫陶を受けていた。西脇は、同じく慶應義塾で学んだ早矢仕有的《はやしゆうてき》が設立した輸入商社、貿易商会（丸善株式会社の前身）の取締役として参画している。

米、味噌《みそ》、みかんなどを積載してウラジオストクへ向かったのは汽船豊島丸（五五〇トン）で、これは台湾征伐の後、政府から三菱に払い下げられた汽船のうちの一隻。この当時も三菱会社が所有していた。先述の通り、新潟港とウラジオストクとの貿易ではない。新潟の諸書では、これが失敗して新潟物産会社は間もなく解散したとされているが、解散したのは一八九三（明治二六）年で間もなくとは言えず、三菱会社は豊島丸での貿易の翌年に横浜、長崎とウラジオストクを結ぶ定期航路を開設しているため、相応の手応えがあったのだろう。

新潟物産会社の設立は、貿易振興よりも新潟港での米回漕《かいそう》の都合という理由が大きかったと思われるが、開港場となっていなかったら、設立されていたかどうか、国を挙げた貿易会社育成の動きに、多少なりとも連動しえたかどうか分からない。もっとも、当時の新潟港の課題は国内の貿易会社育成以前に、外国商社に相手にされていないところではあった。

ウラジオストクと伏見半七

ウラジオストクはかつて清国領だったところへ、北京条約（一八六〇年）によってロシアの領有が確

帆を張った洋式帆船

定、軍港として建設され、当時はまだ建設途上の都市だった。樺太千島交換条約が締結されたのと同じ一八七五（明治八）年に、領事館に準ずる日本貿易事務館が設置されたが、それ以前から日本人出稼ぎ者はいた。もちろん、国境を接した中国、朝鮮からの出稼ぎ者はさらに多かった。豊島丸が米、味噌、醤油などを輸出したのは、現地に日本人をはじめ米食のコミュニティーが存在していたからだ。新潟港から最も近い対岸の港湾都市に、伏見半七は並々ならぬ情熱を注いでゆく。

伏見は一八五二（嘉永五）年、新潟町とは信濃川を挟んだ対岸沼垂（新潟市中央区）の生まれで、明治初年新潟にあった廻船問屋山半、南半之助商店で働いていたとされている。南半之助は、太郎代浜（新潟市北区）の出身で幕末に会津藩御用船の船長を務め、戊辰戦争中も輸送を担当していた。明治に入って廻船問屋株仲間が廃止されたことで、新潟で開業した新興廻船問屋で、一時は商いを大きく伸ばした。伏見は、既得権が手厚く守られてきた新潟においては、生まれも、そして働いた店もよそ者だった。その後、新潟物産会社に移るが、手代、実質の責任者として豊島丸による輸出にどの程度関わっていたか、いつまで勤めていたかなどははっきりしない。一八八五（明治一八）年には新潟にいて独立していたと思われるが、この時点では新浦商会は設立しておらず、一八八九（明治二二）年にウラジオストクとの貿易を行うまでの経緯も定かではない。

直航貿易をともに行い、船の持ち主でもあった西尾与平は伏見より七歳下で、新潟と同じく北前船の航路にあった七尾（石川県）で廻船業を営んでいた西海屋の当主。この年の四月に、初代七尾町長に就任していた。七尾といえば、安政五カ国条約の締結時に、諸外国から日本海側の開港場として望まれた港。北前船で栄えた日本海側の港町は、この頃からそれぞれ、港町としての生き残りをかけて海外貿易を志向し、開港場である新潟に関心を向けていたようだ。西尾与平はこの後も、親戚に光正丸を託してウラジオストクとの貿易と漁業を続けるかたわら、七尾港を開港する働きかけをおこなっている。伏木（富山県）も同様で、この時期、新潟港から沿海州へ向けて貿易と出漁を行った中に富山県の人々が少なくないのは、単に事業であったのではなく「我が港で貿易を」という調査研究の意図もあったと思われる。伏木港はこの年に特別輸出港となり、一八九九（明治三二）年には七尾港とともに開港を果たした。

伏見半七は、帰国した年の暮れに新浦商会の創立広告を新聞に掲載して株主を募集。募集の文面は、

我新潟と魯領浦潮斯徳との間に於《おい》て西洋形風帆船を以《もっ》て商漁の営業を開き以て海外直輸の進路を取《ママ》んと欲し茲《ここ》に一商会を（新潟新聞、一八八九年一二月二一日付）

とある。創立発起人には伏見とともに前田松太郎、杉山長五郎、小林門平、大西政太郎の名が並んでいる。翌一八九〇（明治二三）年一月に資本金三万円で設立し、三月には帆船魁丸を購入。ウラジオストクへ「商漁」に赴いたようだ。この年、新潟税関の記録にあるウラジオストク行きの帆船は三隻。うち一隻は西尾与平の光正丸、一隻は新浦商会の魁丸と思われる。

その後の新浦商会は、当時としては革新的な方向に進んでいく。汽船を借り切り、参加者を募ってウラジオストクへのツアーを行うのだ。保険付き汽船加能丸（二〇一トン）による航海は、往復滞在二週間の食事含む料金は三五円と二五円の二ランクが設定され、一八九一（明治二四）年八月一一日に新潟港を出港しウラジオストク滞在、二四日に戻っている。県会議員だった関矢儀八郎も旅券申請を行っている。

ツアー旅行を事業として世界で初めて行ったのはイギリスのトーマス・クックで、一八五一（嘉永四）年のロンドン万博が最初とされている。日本では朝日新聞が一九〇六（明治三九）年に満韓、一九〇八（明治四一）年に世界一周のツアーを実施しているのが最初とされているが、新浦商会のウラジオストクツアーはこの満韓ツアーより一五年も早い。

しかも新浦商会は、ウラジオストクツアーの実施に際して、新聞を使った大キャンペーンも行っていた。新潟新聞には、出発前のツアー客募集の広告を数度にわたって掲載した間に「浦潮斯徳と新潟」と題した寄稿記事（署名は水原Ｈ・Ｓ・Ｇ）が前後編二回に分けて掲載されたほか、記事「浦潮斯徳の

近況」その他新浦商会の事業に関する記事も掲載。帰国後は「浦潮斯徳の日本領事二橋謙氏」によるウラジオストク事情を、九月初旬まで七回に分けて連載した。

二橋は、樺太千島交換条約締結に際して特命全権大使となった榎本武揚の娘婿で、日露外交のエキスパート。一九一〇（明治四三）年には『日露辞典』を編纂しているが、この当時はウラジオストクに領事館はなく貿易事務館であり、二橋はここに勤務した外交官僚の一人だ。二橋の書簡は、新潟新聞によればこのウラジオストク遊行に参加できなかった荒川太二《たいじ》が、面識のあった二橋にウラジオストクの商況について問い合わせた手紙に対する返信だった。荒川は一八三六（天保七）年三条の生まれで、若い頃才を見込まれ松川弁之助一族のもと北海道へ渡り現場差配役を務め、幕末に新潟町荒川太次兵衛の養子となり、この頃は回漕業を行いながら県会議員を務め、新潟港修築運動などに尽力している。

加能丸の遊行は、思うように募集が集まらず、何度か航海を延期して二四人の参加者で実施されている。加能丸の貸し切り料金が八〇〇円で、二四人全員が一等三五円を払ったとしても八四〇円にしかならず、滞在費その他で赤字となっているはずだ。しかし伏見は、その後も栗山彦三郎、早川正利、清水芳蔵ら新潟財界人の協力を得て、翌年に五月丸、翌々年には幸盛丸と三年連続でウラジオストクツアーを実施した。

この間、新浦商会は加能丸ツアー実施後間もなく解散し、伏見は北辰組、日露汽船会社などを設立しているが、資金も共同設立者との関係も常に行き詰まりながらの実施だったことが、当時の新聞報道からうかがえる。ツアー実施が三回で途切れたのは、一八九四（明治二七）年に伏見が死去したことによるだろう。ウラジオストク周辺ロシア沿海州での漁業、新潟―ウラジオストク貿易の可能性を広く知らしめた功績、おそらく日本初の海外旅行ツアーを企画した異能ぶりにおいて、空前絶後の人であった。

荒川太二

一八三六―一八九三。回漕業、郵便事業などを興し、一八八二年から県会議員を八年務めている。

栗山彦三郎

一八六六―?。岩船郡村上町（村上市）の地主で一八九三（明治二六）年に日露汽船合資会社を設立。県会議員。

早川正利

明治初期新潟町有力者の一人で、売り出された砂丘地や低湿地を買い取り開発。現在の早川町となる。一八八一（明治一四）年に松方正義内務卿に対し新潟港修築嘆願書を提出した際、鍵富三作、八木朋直、鈴木長蔵、荒川太二とともに早川の名がある。

清水芳蔵

一八七〇（明治三）年から廻船問屋を営み、市議、県議。新潟曳船株式会社、株式会社安進社社長を歴任。

もう一つの先駆

伏見らによるウラジオストク、沿海州での動きは、開港したものの低迷する新潟港の貿易振興を、いかにすべきかというところから発想されていた。従って、行く先はおのずと新潟港に地の利がある日本海の対岸、中でも新潟と最も近いウラジオストクであり、サケマスは目的ではなく、ウラジオストクで入手できる帰りの積み荷として新潟港へ輸入して利益が見込めるもの、というところから選ばれたに過ぎない。

　これとは別に、魚を求めて北洋に至ったもう一つの先駆がある。北海道の北、樺太での漁業を目指した人々だ。時期は伏見らの取り組みよりも早い。

　樺太（ロシア領になって以降サハリン、サガレンなどと呼ばれるが以降も樺太で統一する）は、明治初年にあっては日本とロシアの間で国境が定まっておらず、アイヌをはじめとする先住民、日本人、ロシア人の雑居地域で、ロシアでは流刑地とされていた。

　北洋漁業が始まる以前から、樺太と越後人の関わりは深い。柏崎出身の幕臣松田伝十郎が、間宮林蔵とともに樺太が半島ではなく島であることを確認したのが一八〇八（文化五）年。ロシアは、一七九二（寛政四）年に根室へ使節を派遣し通商を求めて以降、日本に開国を求めてたびたび日本近海に船を進めた。幕府は砲台設置を含む沿岸警備を命じた一方、開国後は樺太開発に力を入れてゆく。ロシアが極東地域まで支配を伸ばしてきたことに対抗し、樺太領有の既成事実をつくるためだ。この時開発を請け負った一人に、蒲原郡井栗村（三条市）の松川弁之助がいる。

　しかし日本、ロシアの双方が領有を既成事実とすべく開発を急いだために衝突が起きる。明治政府はこの対応に苦慮し、樺太よりも北海道の開発を優先させる時期だとして、ロシアとの間で一八七五（明治八）年に樺太千島交換条約を締結。以降、樺太はロシア領となった。新潟ではまだイギリス、ドイツの領事館が存在し、いまの県域の中に新発田県、柏崎県、水原県や相川県があった頃のことだ。

　樺太漁業者はこれにより一度は全撤退したものの、翌年には以前から樺太で営んでいた漁業者が許可されて戻ってくる。この中には、松川弁之助とともに江戸時代の樺太開発に関わっていた越後出身

松田伝十郎

一七六九—一八四八。鉢崎村（柏崎市）の農民の家に生まれ、才を見込まれ幕臣松田伝十郎の養子となり襲名。幕府の蝦夷地調査で樺太へ赴くが、この際、のちに樺太が島であることを踏破で確認した間宮林蔵と同行。樺太島は松田が発見し、間宮が確認したともいわれている。

有田清五郎

一八三七—?。島見浜（新潟市）の漁師に生まれ、江戸時代から北海道に渡って漁業を営んでいたとされるが詳細は不明。『新潟県北洋漁業発展誌』によれば一八八五（明治一八）年には樺太で漁業を営んでいる。明治半ばから樺太、沿海州、カムチャツカで漁場を開き、各漁場の経営を孫の岩太郎、清次らに任せていた。

内山吉太

一八六二—一九三五。島見浜（新潟市北区）生まれ。一八七六（明治九）年北海道に渡り、日露戦争前の一九〇二（明治三五）年には樺太で四九一人の漁夫を雇って一〇カ所の漁場。当時樺太では最大級の漁業家、一九〇三（明治三六）年、北海道選出の衆議院議員となる。函館新聞社主金田実八郎は実家金田家から呼び寄せた甥《おい》。

田代三吉
一八五六―一九三七。一一二ページ参照

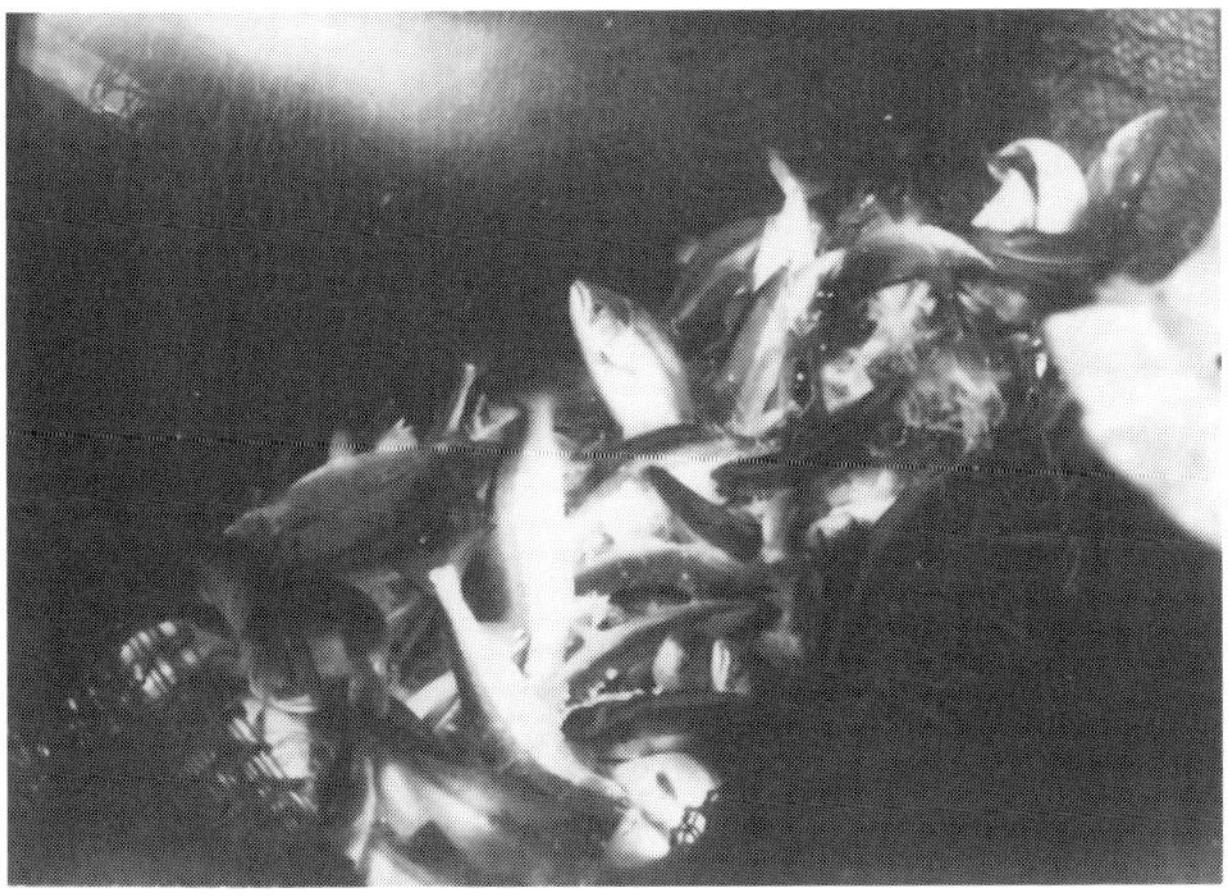

網にかかったマス
鈴木佐平の漁場で撮影されたもの。
大正、昭和初期と思われる。

の佐藤広右衛門が含まれていた。

ロシア領になった当初、しばらくは無税での漁労が可能だったが、一八八三（明治一六）年からは税が課されるようになる。この頃になると島見浜出身の有田清五郎、内山吉太ら、いずれも現在の新潟市北区、当時北蒲原郡の村々の出身者が樺太で漁場を営むようになる。田代三吉も函館に仕入れに赴きながら、樺太まで足を延ばすこともあったようだ。

有田は明治一〇年代には樺太へ渡っており、一八七九（明治一二）年から樺太東海岸で自身の漁場を経営。新潟県の北洋漁業家の中では最も長く経営を続けた一人で、最盛期には二〇隻計一二〇〇トンの船を持ち、カムチャツカの漁場と樺太の漁場をそれぞれ孫に分担させていた。内山は樺太で漁夫として働き、石川県から北海道へ渡って漁場を営んでいた笹野栄吉のバックアップで、一八九二（明治二五）から樺太東海岸で自身の漁場を経営。一八九八（明治三一）年に設立された薩哈嗹《サガレン》（＝樺太）島漁業組合総代に選ばれている。

田代は、上大川前通四、五番町に店を構えていた江戸時代から続く海産物商で、新潟の北洋漁業家の中では有田と並んで最も長く、そして最も成功した一人。漁場経営を行うようになるのはもうしばらく先のことで、当時は直接買い付ける仕入れの延長として樺太へ赴いていた。

有田、内山の出身地である北蒲原郡沿岸部は、いずれも当時は零細沿岸漁業者の村で、北海道など漁場の出稼ぎが常態化していた。北洋漁業を支えた漁場労働者の多くがこのあたりの出身者で占められており、二人はこうした中の成功者だった。田代は三条出身で田代家の養子に入り、一八九五（明治二八）年に家督相続し三吉を襲名している。ウラジオストク貿易を始めた伏見もそうだが、明治二〇年前後に樺太漁場へ出ていた人々の中に、新潟町の出身者は見当たらない。

北洋漁業基地・新潟

幕末から始まり、樺太千島交換条約の翌年から再開された樺太漁業の方が、沿海州における漁業よりも早くスタートしているが、樺太漁業は当初は交換条約以前から漁業を営んでいた者に限って許可

水揚げされるニシン

片桐寅吉
初代?—一九〇三、二代一八六二—一九三三。
一一四ページ参照。

されたため、函館に拠点を置く漁業家が大部分を占めていた。

光正丸が沿海州からサケマスを満載して帰港して以来、富山や京都の漁業家が新潟港を拠点にして沿海州へ渡るようになり、一八九二（明治二五）年には関矢儀八郎が北洋漁業家として出航。この頃から沿海州で漁を行う漁業家は一〇名を超え、一八九四（明治二七）年には二六名に上っている。鮮魚商で沿岸漁業も行っていた片桐寅吉も、この頃買魚に赴いていた。

新潟県の漁業家の他は富山県の漁業家が多かったが、北陸、関西、山陰から沿海州へ赴く漁業家の多くが新潟港を拠点としていた。まず、現地で必要になる食料や資材はロシアで消費されるため、輸出品となって手続きが必要で、どこかの税関を経なければならなかった。従って、当時の開港場だった函館か新潟のいずれかに寄ることになる。樺太であれば北上するだけなので新潟、函館どちらに寄っても大差はないが、沿海州へ行く場合は函館まで北上するよりも、新潟から日本海を横断する方が近いのだ。加えて新潟は、漁獲したサケマスの消費地への輸送の優位性があり、漁場で働く労働者の調達もできた。

当時、新潟市の人口は金沢市や富山市より少なかったが、新潟県の人口は都道府県別では大阪府に次いで二番目だった。信濃川と阿賀野川舟運で運べる範囲の人口で言えば、日本海側では最も有利な場所だ。漁夫は先に述べた通り、島見浜など北蒲原郡の漁村から多くの出稼ぎ者がおり、北洋漁業が盛んになる日露戦争以降には専門の斡旋《あっせん》業者もいた。

ちなみに、一八八八（明治二一）年に北越学館の教師として新潟に赴任していた内村鑑三は、アメリカの友人に送った手紙に、新潟では三食鮭《さけ》が食べられると書いている。秋のことなので、これが北洋で漁獲された鮭なのか、信濃川を遡上《そじょう》した鮭なのか文面から区別することはできない。北洋での鮭の漁期は、七月に川に遡上してきたものを捕獲し現地で塩蔵、漁期が終わると船積みして帆船で新潟へ持ち帰ってくるため、出回るのは新潟で鮭が捕れる時期とほぼ同じだからだ。

この頃の記録はないが、新潟県内で漁獲されるサケマスは明治末頃でおよそ四〇万尾前後。新潟税関で輸入として入ってきた北洋サケマスは一〇〇〇トンを超えており、北洋漁業で新潟へ運ばれたサケマスは地元で漁獲できる量の二倍程度はあったと思われる。沿海州で漁業が盛んになる以前、樺太漁場で捕れたサケマスも、函館経由で相当量が新潟に入ってきていた。内村にとっては、特に手紙に書くほど新潟では鮭が豊富で、なおかつよく食べられていた。

明治二二年　新潟市の誕生

新潟港歴史上、最も記念すべき年度だった一八八九（明治二二）年は、もう一つ記念すべきことがあった。大日本帝国憲法発布である。この年の四月一日、新潟市は全国三〇都市とともに市制を施行。この時に関屋古新田（新潟市中央区）を合併している。

信濃川に架けられた最初の橋である初代萬代橋は、この三年前に架かっていたが、対岸の沼垂と合併する機運はまだない。鉄道は信越線が直江津（上越市）まで延びていたが、以北の計画はない。人気作家の尾崎紅葉が訪れ、萬代橋の有料であることを嘆いたのは、信越線横川―軽井沢間の工事が完了し、直江津まで全通したのちの一八九九（明治三二）年のこと。新潟にはまだ鉄道はなく、川蒸気と呼ばれた汽船が各地で盛んに就航していた。

この年は全国的な凶作で、翌一八九〇（明治二三）年の春先には新潟市で米価が急騰。困窮した市民が市役所に「救助」を乞う事態が起こった。この時は、初代萬代橋を所有していた八木朋直らが、市内の資産家から寄付を募って施米所を設け、困窮者を救っている。

一八七三（明治六）年時点の数字になるが、新潟の全八四九一世帯のうち、日雇い・賃仕事・川船海船稼ぎを生業とした世帯の割合が二八パーセントに上っていた。こうした人々は港を主な稼ぎ場所としていたが、米価が急騰した一月から二月は、海が荒れるため船は陸揚げされており、仕事も少ない。

当時、市内の資産家というと、のちに新潟白勢とともに新潟三大財閥と呼ばれる米穀商の鍵富三作と、酒造などを営む齋藤喜十郎が両巨頭だった。白勢本家は北蒲原郡の大地主で、新潟別邸を一八七八（明治一一）年の明治天皇北陸巡幸の行在所として提供し、第四国立銀行の設立にも関与。

八木朋直

一八四一―一九二九。米沢藩士として戊辰戦争中越後を転戦し、戦後再び新潟へ戻り、会計能力を買われて県職から第四国立銀行第二代頭取。初代萬代橋の架橋に出資し、その後萬代橋が県に買収されるまで所有していた。

鍵富三作

一八三三―一九〇八。父鍵屋三左衛門が西蒲原郡大野町から新潟町へ移り、宿を営業していた。第四国立銀行取締役、市議、県議を歴任。鍵三合資会社、鍵三銀行などを設立。株式会社新潟米穀取引所理事。新潟商業会議所設立発起人で創立以来特別議員。

齋藤喜十郎

?―一九〇四。代々「三国屋」を屋号とし酒造等を営み、廻船業も営む。新潟市議、新潟商業会議所特別委員、新潟商業銀行専務取締役。

鈴木長八

？―一八七四。大鈴木と呼ばれた廻船問屋鈴木屋（上大川前通九）当主。

鈴木長蔵

一八四六―一九〇九。江戸時代から続く廻船問屋小川屋（上大川前通九）当主で、新潟町の政財界の重鎮。一八七二年新潟区戸長、一八九一年市長就任。県会議長、のちに衆院議員。新潟商業会議所初代会頭。二〇代前半の頃、開港間もない新潟港で開港用掛の任に就いていた。

新潟市を拠点としていた白勢家はその分家である。

憲法発布の前に所得税法が公布されており、二一年度の所得税高額納税者が公表されている。これによれば、新潟（区）では所得納税額トップが鍵富三作（上大川前通一番町）の一万二三五二円、次が齋藤喜十郎（東堀通七番町）の九五九四円、三位には江戸時代からの有力廻船問屋で、小川屋と並んでいた鈴木屋の鈴木長八（上大川前九番町）六五六三円が入っている。

ちなみに、幕末まで有力だった廻船問屋のうち、名字が鈴木の家は鈴木屋、小川屋、間瀬屋の三軒あって、鈴木屋当主が鈴木長八、小川屋当主は鈴木長蔵。いずれも明治新潟財界の重鎮で、名前までも似ているが別の家である。

当時の所得税は、三〇〇円以上所得のあった者が納付義務を負い、税率は一パーセントから。三万円を超えると最高税率三パーセントが適用される。三位の鈴木の年間総所得は二一万円を超えていた。まだ真新しかった初代萬代橋の架橋費が三万円余だったから、トップスリーはその気になれば信濃川に何本も橋を架けられる資産を有していた。

しかし新潟県全体でみると、この年一万円以上納税したのが一二人。金額でみると新潟市域でトップだった鍵富は、新潟県全体ではようやく八位だ。一位は白勢本家と同じく北蒲原郡の大地主、市島徳次郎二万八〇一〇円。二位は小千谷の豪商西脇国三郎二万五六一一円。両名とも第四国立銀行の大株主だ。新潟の富商はこの当時、市島、白勢のような突出した大地主はもちろん、その下のそこその地主にもまだ及ばない存在だった。

後に最も成功した北洋漁業家となる田代三吉は、この年の納税額三二〇円。これが大正末近くになると、新潟市の中で資産家トップスリーに入ってくるようになる。

ちなみに、この年の齋藤喜十郎は、旧齋藤家別邸を建築した齋藤喜十郎ではなく、その父親の三代喜十郎。北洋漁業家でも片桐寅吉、鈴木佐平らが家督相続と同時に襲名しており、同じ名前で何人かいる。

産業面では、一八八八（明治二一）年に石地（柏崎市）で日本石油株式会社が設立されており、長岡

北洋漁場略図

や柏崎周辺では石油産業が地域経済を牽引《けんいん》してゆくが、この波が新潟市まで及ぶのは、もう少し先のことになる。

五　漁の実際

南下するロシア

北洋漁業における漁獲は、昭和になると船団を組んで公海上でも行うようになるが、明治の頃は岸から地引き網を引いたり、沿岸に仕掛けた建網に掛かった魚を小舟に積んで岸と往復したりするような昔ながらの方法で行われていた。場所は雑領時代からの樺太から始まり、沿海州地方、ロシア統治下の樺太、そのさらに北のカムチャツカ半島。その地面も海もロシア領だった。

北洋漁業という言葉に明確な定義があるわけではない。当時はほとんどの場合、ロシア領内での漁業という意味で露領漁業と呼ばれ、次に遠洋漁業、あるいは北洋漁業と呼ばれ、次第に北洋漁業という言葉で定着していった。

北洋漁業黎明《れいめい》期の明治二〇年以前、ロシア極東地域のサケマスはロシア人によって漁業も行われてはいたが、産業資源としてよりも先住民の食料としての重要性の方がはるかに高かった。そもそも日本人漁業家が詰めかけたロシア極東地域は、首都サンクトペテルブルクから遠く離れ、人口も極端に少ない。とはいえ、自国領内の資源を荒らされて黙っている国はない。

しかし実際のところ、北洋漁業が行われたロシア極東地域がロシアの「自国領」となったのは、さほど古い話ではなかった。日本側が沿海州と呼んだ地域に含まれるウラジオストク周辺がロシア領になったのは一八六〇（万延元）年、安政五カ国条約締結の当事者である幕府大老井伊直弼が、桜田門外で暗殺された年だ。ロシアはこの頃、ヨーロッパ方面でクリミア戦争により南下を阻まれてしまい、極東地域で南下政策を進めて清国からアムール川左岸を獲得。次いで清国・朝鮮国境付近を割譲させると、ここにウラジオストク軍港を建設した。首都から遙《はる》か彼方《かなた》であっても、ロシアにとってはようやく手にした不凍港だった。日本では浦潮、浦塩などと当て字されるが、ロシア語でウラジオストクは「東方征服」という意味がある。

樺太がロシア領として確定したのは、樺太千島交換条約以降。明治維新のおよそ一〇年前、松川弁之助が樺太で漁場開発を行った原因もロシアの南下政策だった。危機感を強めた幕府が、樺太の実効支配を既成事実とするために松川らを送り出したのであり、これが失敗した後は幕府直轄でこれを継続しようとした。東シベリア総督のムラヴィヨフが船団を率いて品川沖に現れ、樺太をロシア領と宣言し日本に交易を迫った一八五九（安政六）年、樺太では松川弁之助率いる一団が漁場開拓に四苦八苦していた。

この後もロシアの極東政策は着々と進められ、首都とウラジオストクを結ぶシベリア鉄道が計画される。一八九一（明治二四）年、来日中のロシア皇太子が負傷した暗殺未遂事件、大津事件が起こるが、皇太子の来日は、艦隊を率いてウラジオストクでのシベリア鉄道起工式に向かう途中に用意されたイベントだった。ウラジオストクは、新潟からは木造帆船で行き来できた距離にある。ロシア皇太子は日本各地で大歓待されたが、わずか数日でウラジオストクへ軍隊を移動させられるシベリア鉄道の建設は、日本にとってはめでたいどころか恐ろしい話で、この後日本は日清戦争に勝利し、三国干渉によってロシアとの緊張が高まり日露戦争に繋がっていく。

草創期の北洋漁業は、「遅れてきた帝国主義」のロシア、日本両国の領土拡張の欲が交錯する場所で行われていた。とはいえ、両国家間で正面から利害が衝突するようになるのは昭和に入ってからのことで、まだしばらくは国家の目の届かない辺境で繰り広げられる、冒険的な事業ではあった。

鉄砲と漁網

北洋漁業家の家には「昔は鉄砲が家にあった」という人が少なくない。ロシアが極東地域の統治を強化してゆくなかで、北洋漁業はこの政策に翻弄《ほんろう》され、時には半ば密漁に近い状況で漁業が続けられてきた。このため現地で騒動が起こることはたびたびで、ラッコなどの海獣類も撃った（これは密猟のだろうが、護身のために鉄砲は常に傍らに置かれていた。

辺境で流刑地でもあった樺太の治安は、決して良好とは言えなかった。一九〇〇（明治三三）年に新潟市出身の漁夫が、樺太島西海岸の漁場の小屋でロシア人の強盗に襲われて死亡した。カムチャツカでは一九〇六（明治三九）年に田代三吉の漁場で複数の死者を出す乱闘事件が起こっている。これらは日露戦争終結後、ロシア領で日本人漁業の権利が明確になる以前の出来事だが、以後でも一九一〇（明治四三）年には、東洋物産株式会社の漁場で検査に訪れたロシアの監視官と現場主任との間でトラブルが起き、ロシア監視官の威嚇《いかく》射撃がたまたま漁夫に命中する死亡事故が起きた。日本側の調査による事後の証言なので鵜呑《うの》みにはできないが、漁場に出ていた漁夫たちには、検査に訪れたロシア人の目的が検査なのか賄賂の要求なのか、そもそも本当に検査官なのかそれを騙《かた》った何者であるか区別が難しかったようだ。危険なのは洋上だけではなく、襲撃されることもあったし、漁場に持参した鉄砲で銃撃戦に及ぶこともあった。

ロシア側の漁業規制に対しては、時には日本政府が対応した。

樺太は、ロシア領になって以降もしばらく無税のままだったが、一八八三（明治一六）年から突如高率の税がかけられ、翌年には禁漁区が設けられ、さらに次の年には日本人漁業者はわずかな指定漁場のみで許可されることになった。この三年間では、密漁で対抗する漁業者も少なくなかった一方、出漁を諦めたり破産したりする漁業者もいた。この時期の樺太漁業は、交換条約以前から樺太漁業を営んでいた人やその縁者が主だったため、その拠点はほとんどが函館であり、新潟の北洋漁業家との関わりは薄い。

一八九六（明治二九）年になると、樺太の漁場は再び日本人漁業者に開放されるが、三年後には優良漁場のアニワ湾などをロシア人漁業者のみに許可し、日本人を閉め出す。この時には日本政府が、輸入サケマスの関税強化をちらつかせて対抗している。ロシアは一九〇〇（明治三三）年には資源保護の名目で漁区を半減するが、この後も樺太における日本人の漁獲量は増加の一途をたどっており、

東洋物産株式会社

一九〇七（明治四〇）年、資本金一〇〇万円で設立。本社は上大川前通九番町、桜井市作社長。同社の前身である金丸商会は一八九八（明治三一）年設立。北洋漁業をはじめ、鉱業、貿易、海運陸運など多角経営を行っていた。

資源保護には結びついていない。
沿海州では高額の税率はあったものの、樺太ほどロシア側の政策がコロコロとは変わっておらず、日本人漁業家が多く詰めかけることになる。その半数近くが、新潟港を拠点とした北洋漁業家だった。しかしここでも一九〇二（明治三五）年には、樺太とともに一部を除いてロシア人漁業家のみに許可されるようになる。

ロシア側が、規制を繰り返しながらも日本人漁業者を受け入れてきたのには、漁場を開発しロシア人漁業者を育成してゆくのに、当面は日本人漁業者が欠かせなかったためだった。漁場での労働者も日本に依存しており、先に述べたロシア人強盗に襲われて死亡した新潟出身の漁夫が働いていたのは、ロシア人が経営する漁場だった。また、漁獲した魚の販路も日本であることが多かった。このため、日本の関税強化が脅しとして効果があったのだ。禁漁区になった沿海州のアムール川河口に近いニコラエフスクは、日本人による買魚の拠点となっていく。日本からニコラエフスクへの入港船は、一八九二（明治二五）年にはわずか二隻だったところから、一九〇〇（明治三三）年には八五隻に増加した。

日本側は北洋漁業を安定的に行えるよう、明治二〇年代からロシアと漁業条約締結のための交渉を行ってきたが、日露戦争によって全て立ち消えとなってしまった。

カムチャツカ

千島列島の先にあるカムチャツカ半島は、本州のおよそ二倍の面積を持つ巨大な半島で、西側はオホーツク海、東側はベーリング海に面している。最高峰は四七五〇メートルのクリュチェフスカヤ山。見事な円錐形《えんすいけい》をした火山で、日本人はカムチャツカ富士と呼んだ。先住民イテリメン（カムチャダール）やアイヌも暮らしていたが、樺太のような雑領地ではなくロシア領である。

樺太、次いで沿海州でロシアの規制が強化されると、日本人漁業家たちは新たな漁場を探して北上し、カムチャツカに到達する。明治三〇年代のことといわれている。しかし、ここでも間もなく規制

郡司成忠

一八六〇—一九二四。幕臣幸田成延の子として江戸で生まれ、郡司家の養子となる。海軍兵学寮を経て一八七八（明治一一）年に軍艦金剛に乗船し、ウラジオストクへ行っている。以来、千島は日本にとって重要な地であるとして拓殖探検を行う。六〇ページ参照。

樺太新問アイヌ古老の祝服

が始まり、外国人漁業者は完全に締め出された。

ところが、日本人漁業者はこれに密漁で対抗する。一九〇二（明治三五）年には帆船六〇隻が出漁し、うち五隻がロシア当局に見つかり漁網没収あるいは破船させられ、その翌年には出漁が五〇隻に減ったが一一隻が拿捕《だほ》されて六隻が破船させられている。

北洋漁業草創期の明治二〇～三〇年代は、ロシア側が自国産業の育成と先住民保護のため、さまざまな規制を繰り出したが、この間日本人の買魚を含む漁業家は増加している。この頃の北洋漁業はロシアの規制のもとで、あるいは規制をかいくぐった密漁で、リスクを負っても参入する価値のある商売だった。また、幕末近くに樺太で漁場開発を行った松川弁之助のように、国益を死守する最前線にあるという自負心や、この頃千島に開拓目的で入っていた探検家郡司成忠のような開拓者精神も、危険を軽視し参入を後押しする要因となっていただろう。

漁場の先住者

雑領地だった樺太には、南部を中心に樺太アイヌが暮らしていた。その数は一八〇〇年代初頭でおよそ二〇〇〇人と推定されているが、確かなことは分からない。一八七五（明治八）年の樺太千島交換条約によって樺太がロシア領となった際、樺太アイヌは、一部は「日本人」（戸籍は旧土人）として北海道に強制的に移住させられて生活の基盤を失い、一部は残って「ロシア人」となった。

島の北部には、アイヌからはオロッコと呼ばれていたウィルタ、島北部と狭い海峡をはさんだ沿海州アムール川流域には、ロシアではギリヤークと呼ばれたニブフが暮らしていた。カムチャツカ半島は一八世紀にコサックによって占領されたが、少数民族が暮らしており、わずかだがアイヌも暮らしていた。交易と、海獣類も含めた狩猟採集が彼らの主な生活手段で、川を遡上する鮭は特に貴重な資源だった。

捕獲が容易な河川での鮭漁は、ロシアは先住民保護のためロシア人に対しても禁止していた。買魚では現地の漁場から買い取るほかに、こうした先住民の漁場から買い取るケースもあり、現金ではなく生活物資や酒などと交換していた。

漁場は物資や食料、暖房の燃料などことごとくを持ち込まなければならないような場所にあり、そこで暮らす先住民にとって、毎年定期的に訪れる日本人は便利な交易相手ではあったろうが、酒については泥酔による事件や質の悪い酒によるアルコール中毒などが起きて、たびたび問題となっている。ロシア語通訳から北洋漁業家になった立川甚五郎は、一九一二（大正元）年、カムチャツカで出漁中にロシア人漁業監視官から聞いた話として、日本人漁業者から受け取ったアルコールを飲んだロシア人一一名が、中毒によって死亡したと報告をしている。

漁場となった場所を生活の場としていた先住民に、漁場を閉めている間の番屋の管理を頼んでいた北洋漁業家も少なくなかった。

「買魚」という漁

明治前半においての「買魚」は、現地の漁場に船で駆けつけて魚を買い取る行為を指した。遠方から船団を連れて漁場経営を行うまでの資本力は必要なく、不漁のリスクも負わない上に、行きの船には物資を積んでそれを販売し、状況次第では網を下ろして自らも漁をする、半ば輸送業、半ば密漁という隙間産業だった。

しかし、ロシア側が自国の産業育成のため日本人漁業者の規制を強化する過程で、買魚の性格は変容することになる。一八九九（明治三二）年に、日本人に製造輸出を許可する制度が整えられたのだ。つまりは買魚の制度化で、以降は隙間産業ではなく漁と並ぶ産業になる。この理由の一つには、買魚を隠れ蓑《みの》にした密漁を減らすことがあったが、もう一つ大きな理由は、ロシア人漁業家が漁獲しても、販売先の多くを日本側に依存していたためだ。ロシア極東部は人口が少なく、消費地となる都市はまだ育っていない。漁場にやってきて日本国内に流通させる買魚業者に販売するのが合理的だった。ロシア国内から漁場へは人員や物資、資材を陸路で運ばなければならないが、日本からは船で直接漁場へ向かうことができる。販売はもちろん、漁業の面でも日本の方が有利だったのだ。

立川甚五郎
初代一八七一―一九三七。一〇六ページ参照。

粕煮
浜でニシンを煮て圧搾。絞り出された脂肪分は魚油、残りを乾燥させて肥料にする。

この三〇年代の買魚は、ロシア人漁業家がハバロフスクのプリアムール総督府（東シベリア総督府から分離・極東地域を統括）に許可を申請し、この許可証とともに各地域の長官に出願させられる。この時に漁場名、日本人の使用船名、トン数などを明記し、各種税を支払った後に免許交付となる。漁場に入る際には申請したロシア人漁業家か、その代理人の監視下でなくてはならず、先住民から魚を買い取る場合でも、いったんロシア人が買い取ってからでないと日本人が買い取ることはできなかった。

ロシア側から見れば、ロシア人実業家が日本人労働者の手を借りた産業とも言えるが、その多くはロシア人代理人を立てた日本人漁業家と日本人労働者による産業であり、先に述べたとおり、こうした制限下でも日本人漁業者の新規参入は増加していた。特に三〇年代は樺太北部対岸にある、沿海州ニコラエフスクが日本人漁業家の拠点となった。新潟の片桐寅吉宅に食客としてロシア人イワン・ポポフ一家が暮らしていたといわれるのはこの頃。彼が片桐の買魚代理人である。

太陽が沈まない場所で

新潟港から出発する船は漁船ではなく、漁に必要な網や塩などの物資と食料、人員を乗せ、再び人員と漁獲物を積んで戻る、送り込み船と呼ばれた輸送船であり、漁はその送り込み船に積み込んだ小舟を使って行われていた。高緯度のカムチャツカでは漁期は七月、八月のおよそ二カ月間で、主に鮭、鱒《ます》、鰊《にしん》を捕る。鮭鱒は陸の加工場に運んで内臓を抜き、塩をして野積みされ、鰊は食用の身欠きニシンや肥料のニシンかすに加工し、漁期が終わると迎えの船に積み込んで、新潟港へ戻る。高緯度地域の夏は、日が沈んでいる時間が恐ろしく短い。漁夫たちはこの二カ月間を、ほとんど寝ずに働いた。

明治の頃はほとんどが帆船で、五月末に新潟港を出発し、一カ月近くをかけて漁場に到着。後に汽船が導入されると往復で一カ月近く短縮されたため、汽船でないと漁夫の集まりが悪かったそうだ。出稼ぎ労働者にとって一カ月の違いは大きい。

現地で漁労や加工に携わる漁夫は新潟からも集められたが、主には松浜、南浜、島見浜（いずれも

函番運び

新潟市北区）出身者が占めており、これらの地域では、新潟で北洋漁業が盛んになる以前から漁夫として北海道や樺太に渡っており、新潟の北洋漁業家以外の漁場で働く者もいた。

明治二〇～三〇年代の北洋漁業は半ば密漁、出稼ぎや仕入れの延長にあり、組織的に行われたものではなかったために、漁の様子を記したものは少ない。日露漁業協約締結以降の一九一九（大正八）年、カムチャツカの漁場に赴いた漁業家が新潟に送った現地報告（田代家文書・堤商会より田代三吉宛）は次のようなものだった。カムチャツカ半島東海岸カムチャツカ河を目指して五月一日に函館を出航し「未だ陸岸を見ずしてなお北方に進みたるにようやく一岬を見た」が、近づいてみたら目的地よりおよそ二〇〇キロ手前の岬で「ここより一帯の氷にして到底カムサツカ河に直行」することができず、氷の切れ間を探しながら船を進め、漁の予定地に着いたのが五月一〇日の午前七時。その日は波が高くて荷物の積み降ろしはできず、測量隊だけを上陸させて漁場位置を確定した。明治四〇年代は、日露漁業協約締結によって漁場は競売で落札するようになり、まずは漁場を確定させる作業が必要になっていた。上陸すると積雪はおよそ六〇センチ、そして「雪の下の砂は結氷五寸（一五センチ）くらい」とある。漁場に赴いたら氷に閉ざされて船が着岸できず、立ち往生したという話は、たびたび出てくる。

かなり後のことだが、一九三〇（昭和五）年の新潟新聞に「カムサツカ漁夫物語」（中川天浪）という体験記のような記事が載っている。これによれば六月一〇日に一一人の漁夫仲間と出航。翌日には函館に着き、ここで一五〇人ほどの漁夫が新たに乗り込んでくる。新潟から乗った漁夫たちは既に前金を受け取っているために、逃亡の恐れがあるとして上陸は許されなかった。出航から一三日後の六月二三日に漁場（おそらくカムチャツカ半島北部のベーリング海に面した場所）に到着すると、海面には巨大な氷が浮かんでおり、その中を進んで着岸。荷降ろしが済むと船は去って行く。

漁労中に過ごす番屋は、

建物は間口三間奥行八間くらいで土間が左右に板張りされ筵《むしろ》が敷いてある。ストーブもある

マスの腹割り

鱒の腹割り作業の様子。陸揚げされたサケマスはすぐに内臓を取り出すため、漁だけでなく浜で作業に従事する人手も必要だった。

と、想像よりも設備が整っていることに喜んでいる。翌日から三日ほどの準備期間があり、各人に仕事が割り当てられた。食事は午前五時と一〇時、午後三時と一〇時の一日四回で睡眠は三時間。漁の時には午前二時半に船を出す。

　食事四回は労役の上からいって当然だが睡眠時間の三時間はちょっとつらい。何しろ日の暮れるのが午後一一時。午前三時にはもう太陽が出る

と語り、

　身体の弱い者にはできない労役だ。音に聞く監獄部屋も思い出されるくらいだ

と書いている。カムチャツカ半島は北緯五七度線上にあり、夏至の頃には太陽が隠れる時間が六時間あまり。日暮れが一一時というのは話を盛っていると思われるが、睡眠時間の少ないことはその通りだろう。

七月一八日は豊漁で、

　磯船係が獲れた鮭を陸へ運ぶ。陸ではモッコというものでデッキ場へ背負う。腹を割く者、洗う者、筋子を取る者、洗った鮭を漬け場へ運ぶ者、漬け場では運ばれた鮭をアギト（えらのこと）や腹へ塩を入れてこれを鮭一重塩一重として山形（型）に積むのである

漁は数百メートル沖合で網を広げて行われ、小舟が岸と網の間を往復して掛かった鮭を運び、作業場ですぐに加工されている。

八月からは塩漬けにして野積みされた鮭の箱詰め作業が始まり、八月二五日に初雪。九月一日に迎

えの第一便が到着し、一〇日に到着した本船に荷を積み込んで一一日出航。一八日に函館に着いて荷物と人員を降ろし、二一日に新潟港に戻った。

当時は既に日魯漁業の資本統合が進んで大規模化し、新潟の北洋漁業家はこれに組み込まれて少なくなっており、拠点は函館に移っていた。このため漁夫の多くは函館から乗船し、漁獲物も函館で降ろされている。

こうして働いて、漁夫たちは良不漁にかかわらず、地元で半農半漁の暮らしで得る一年分の年収に劣らない収入を得ていた。しかし、船の遭難や漁場での病死もあり、先の漁夫物語の語り手も漁場近くで墓地を見つけて手を合わせている。

現地で使う塩は大量だ。当初は瀬戸内で買い付ける国内産塩だけだったが、一八九五（明治二八）年に日本が台湾を併合すると、台湾製塩が安く手に入るようになり、塩の集積基地になった門司を回漕して塩を積み込むようになる。明治の終わり頃からは、ヨーロッパ製の塩の方が加工後の品質が安定することが知られて、ヨーロッパ製も使われるようになった。

六　石油と鉄道—変わる新潟

工業の始まり

建設時は原野だった新潟市の税関庁舎の下手は、明治二〇年代の末には川沿いに入船町の通りができ、一から六丁目、さらに船見町、海辺町が延びていった。ただし一本の通り沿いに細長く延びただけで、いまある窪田町など、海岸方面は原野のまま。この入船町四、五丁目にまたがって工場が進出したのは、一八九五（明治二八）年六月のこと。この年の四月に下関条約（日清戦争の講和条約）が締結され、日本が華々しい国際デビューを果たす一方、ロシア、ドイツ、フランスによる干渉で遼東半島を清国に返還させられ、ロシアが仮想敵になってゆく年だ。進出したのは、この七年前に設立された

日本石油支店新潟鐵工所

入船町が造船工場となったのは一九〇五（明治三八）年。一九一〇（明治四三）年に日本石油から分社した際の資本金は二〇〇万円、山口達太郎（山口権三郎長男）社長。現在は同地で新潟造船株式会社が操業している。

新潟硫酸株式会社

一八九六（明治二九）年九月設立、資本金八万円、本社並木町。工場は関屋（いまの新潟第一中学校・高等学校の辺り）。社長は鈴木久蔵（長八孫）、専務取締役は荒川才二（太二養子）のほか齋藤家、鍵富家からも役員が出ている。

新潟鉱業株式会社

一八九六（明治二九）年五月設立、資本金二〇万円、本社並木町。製油のほか採掘も行う。高橋助七、青山松蔵が専務取締役。

新潟鉱油株式会社

一八九三（明治二六）年一月設立、資本金五〇〇〇円。製油業、本社は並木町。荒川才二が設立。

日本石油の工場で、日本石油支店新潟鐵工所が正式名。信濃川を挟んだ対岸の山ノ下にも機械工場を建設した。

新潟県の工業化は、油田開発によって長岡から始まったが、ようやくこの波が新潟にも届くようになった。町の創建以来、港に入ってくる船を迎えるだけの単純な産業構造だった新潟市に、変化が起き始めていた。翌年の一八九六（明治二九）年には新潟硫酸株式会社、新潟鉱業株式会社が相次いで設立される。硫酸は石油精製に欠かせない素材だが、肥料製造にも欠かせない。新潟鉱業は石油掘削、製油、販売を目的としており、専務取締役として高橋助七が参画している。製油会社は一八九三（明治二六）年に新潟鉱油株式会社が設立されており、この三社はいずれも長岡ではなく新潟市の資本による。新潟市の製油所は明治末までの間に一九に上った。

新潟鉱油株式会社、新潟硫酸株式会社、新潟鉱業株式会社の設立時の本社所在地は、すべて並木町にあった。並木町は、いまの柳都大橋西詰にあたり、道路によって街区が分断されているために面影はないが、当時は多門川と信濃川が接する岸に位置して、四十物《あいもの》屋や米穀商など問屋系の商店が並んでいた。米穀商など船を利用して蓄えられた資本が、石油産業に投資されていったことによって、町の看板が掛け変わっていった。

税関庁舎と同時に整備された湊町通では、造船所ができた年、通りに市が立つようになる。街区が発展したからではなく、閑散とした税関前を賑《にぎ》わし、もり立てたいという住民の請願からで「運上所市」と名付けられた。当時湊町通は通称「ウンジショミチ＝運上所道」と呼ばれていた。

ウラジオストク定期便―乗員四七名に乗客七名

この頃には新潟港を中継基地とする漁業家は二〇人を超えており、漁場を往復する帆船はそれぞれ複数所有しているため、新潟港ではそれなりに目立つ存在になっていたはずだが、当時の新聞記事を見ても全く話題にはなっていない。その代わりロシア関連で目に付くのは、新潟とウラジオストクを結ぶ「日露定期便」就航の必要性を説く記事だ。伏見らによる対岸貿易に刺激されたのは、北洋漁業家だけではなかった。そして、新潟の政財界にとっては「漁業」より「貿易」、新潟港は物流港であって、漁港であってはならなかった。

伏見の死から二年後の一八九六（明治二九）年一二月、「愛国丸」による日露定期便の初航海が行われた。これは国が補助金を出して航路維持を図る命令航路で、大家商船（大阪）が配船している。ところが、この初航海は乗員四七名に対して乗客七名。貨物雑貨一八五〇個と書状二通にはがき一葉を運んだだけで終わる。当初月一回往復の予定だったが年四回となり、それでも採算が合わずに起点を敦賀港に移されてしまった。

翌年の新潟新聞紙上で、日本郵船会社近藤廉平社長は次のように述べている。

今日までの成績を見るに、ほとんど児戯に類するもの。浦潮（ウラジオストク）貨物の主なる取扱商支那人は新潟に居住せず、輸出物なく輸出商なき新潟などと浦潮線を結びたりとて何ほどの効かある（新潟新聞、一八九七年九月一日）

愛国丸の帰路の積み荷は結局のところ、現地で漁獲された鰊だった。

廻船問屋の終わり

一八九六（明治二九）年七月二二日、横田切れと呼ばれる未曾有の大水害が発生し、蒲原平野一帯を水没させる。横田切れは農村部の水害というイメージが強いが、新潟市でも砂丘地麓の寄居町まで水が上がり、一三〇〇戸近くが浸水。信濃川対岸の沼垂も浸水し、間に架かった木造橋で、しかも長さが八〇〇メートル近かった萬代橋が流失しなかったのが不思議なほどだった。

これにより、明治初期に一度立ち消えた大河津分水路計画がよみがえる。立ち消えた直接の原因は、大河津分水路の建設に必要な技術と、コスト負担が非現実的と判断されたところにあったが、新潟の人々は建設に大反対して運動を起こしていた。信濃川の水を途中で日本海に放出されては、ます

北越鉄道

直江津―新発田間の私鉄で一八九五（明治二八）年一二月に本免許が下り、翌年から工事開始。資本金三七〇万円、渡辺嘉一社長。本社は新潟市にあったが一八九七（明治三〇）年に東京へ移転登記。一九〇七（明治四〇）年八月に国有化され信越本線の一部となる。

越佐汽船株式会社

一八八五（明治一八）年、齋藤喜十郎と若林玄益ら佐渡の有力者らで設立。新潟―夷（両津）間で渡津丸を就航し、後に酒田、北海道航路を開く。

ます港の水深が浅くなってしまうからだ。新発田藩が阿賀野川に築いた掘割が決壊して、新潟港の目の前で信濃川と合流していた阿賀野川河口が北へ移動し、水流不足で港の水深が浅くなり始めた一七三一（享保一六）年以来、新潟は信濃川に注ぐ水が少しでも減る可能性があることには全て全力で反対し、阻止してきた。

ところが、大河津分水路が着工するよりも前に、廻船問屋の命運は断たれてしまう。北越鉄道（いまの信越本線直江津以北）の開通である。開通は一八九七（明治三〇）年。これによって、船舶による国内輸送は一気に時代遅れになってしまった。廻船問屋は、明治に入って株仲間が廃止されて以降参入が相次ぎ、新潟市では明治一五年ごろには廻船問屋の数が一〇〇軒を超えて過当競争に陥っていた。同業組合を結成して乱立に終止符を打とうとしていたが、もはや意味はなかった。

この頃既に北洋漁業家でもあった高橋助七は、いち早く船舶輸送に見切りを付けていた。荒物業で、砂糖をはじめさまざまなものの仕入れは船で新潟へ運び入れていたが、信越本線ができた直江津に支店を出し、横浜から鉄道（軽井沢―横川間の開通は支店を出してから三年後）で直江津に輸送し、新潟へは直江津港から船舶で、直江津を起点として各所に配送するようになった。船でいったん全て新潟港へ運ぶより、直江津まで鉄道で輸送する方が日数も輸送費も少なく済むため、越佐汽船会社の荷物も取り扱うようになる。国営の直江津駅ができてから私鉄の北越鉄道によって新潟へ鉄道が延伸するまでは、一一年もの時間差があった。

高橋は、鉄道の開通によって貨物の起点が東京に集中し新潟が終点となってしまったことで、新潟より長岡、長岡より直江津の運賃が安くなり、新潟を発着する貨物が減少した経緯を回想した後、次のように結んでいる。

汽車からでは、新潟は見込みがないと云《い》ってもよいのである（新潟新聞、一九一九年二月四日）

国内物流の軸が日本列島の外周（＝海）ではなく、内陸（＝鉄道）に変わったことは、廻船問屋のみならず、港を利用した円滑な物流と収益のためにつくられた新潟という町そのものの役割の終焉《しゅうえん》でもあった。新潟の都市機能からすれば天地がひっくり返ったようなものだが、江戸時代からの廻船問屋がまだその中心を占めていた新潟財界は、ここで物流都市であることに見切りをつけはしなかった。国内物流で終点となっても、日本海の対岸諸国との交易であれば、再び物流の起点になることができるのだ。

鉄道開通の前年、横田切れが蒲原平野を沈めていたちょうどその頃に認可された新潟商業会議所（いまの新潟商工会議所）が設立され、一一月に議員選挙が行われた。会頭は鈴木長蔵、副会頭には山崎利吉。正副会頭ともに江戸時代から続く廻船問屋の主が座を占めた。開港から一世代を経て、北洋漁業家たちが海の向こうで勇躍し、石油産業に発した工業化の波が新潟に到達したが、江戸時代から続くステイタスはこの時も健在だった。

設立後の商業会議所は、近代港湾の整備促進のための働きかけを主な活動として運動してゆく。当時の新潟港には、船を横付けする埠頭もなければ防波堤もない、船が着くから港と呼ぶが、現代人が港に付随するものとして思い浮かべるような近代設備はなかった。埠頭がないため人も荷物も、沖に停泊する船から艀や小舟で行き来していた。

他に目を向けると、この頃には既に函館で築港が完了し、小樽も開港し近代港湾への改修が進んでいた。明治末には同じ北陸の敦賀が国直轄工事で近代的な港湾となり、新潟港の影は薄い。新潟県でまず行われた国の直轄事業は、信濃川と阿賀野川の改修事業で、萬代橋の架橋申請が河道を変える可能性があるため工事計画の完成まで下りなかったのと同様、新潟築港の働きかけも後回しだった。開港地が全国に増えていったこの間、新潟税関は一九〇二（明治三五）年に横浜税関支署に格下げとなった。

駅をめぐる騒動

新潟を物流の起点から終点に押しやり、廻船問屋を終わらせた北越鉄道だが、新潟の人々は港の流

渋沢栄一
一八四〇―一九三一。血洗島村（埼玉県深谷市）生まれ。幕臣、大蔵官僚を経て民間に転身し第一国立銀行頭取に就任。その後多くの企業、銀行の設立に関与。第六十九国立銀行などを通じて長岡財界と関わりを持っていた。

山口権三郎
一八三八―一九〇二。刈羽郡横沢村（柏崎市）の豪農に生まれ、一八七九年県会議員、翌年県会議長となる。日本石油設立に尽力し取締役就任。北越鉄道株式会社、第四銀行、長岡銀行、小千谷銀行などの取締役を務め、新潟県の近代化に貢献。郷里横沢村に私財で学校を設立、長岡では実業学校を設立している。

岸宇吉
一八三九―一九一〇。新潟町に生まれ、長岡岸家の養子となり、「米百俵」の小林虎三郎に学ぶ。呉服商から輸入雑貨商に転身。北越戊辰戦争後に主宰した「ランプ会」が町の復興について語らう場となり、産業振興に尽力した。

本間新作
一八四五―一九三六。新潟町に生まれ一一歳で新関村（新潟市秋葉区）の大地主本間徳左衛門の養子となる。越後府御用掛、戸長を経て第四国立銀行、北越鉄道などの経営に関与。

水量が変わることに毎度反対してきたような態度は取らなかった。むしろ、積極的に駅を誘致した。

信越本線は直江津―長野間の開通が一八八八（明治二一）年、急勾配のため最後まで残った軽井沢―横川間の工事が完了し全通したのが一八九三（明治二六）年。国営では直江津までしか鉄道が延びなかったのは、信越本線の工事を両端から行うのに、資材を直江津港から運び入れた事情によるものだった。当時国営で全国に鉄道網を敷くには限界があり、各地で私鉄会社が設立され国営鉄道と接続されていた。新潟では、一八九五（明治二八）年に設立された北越鉄道株式会社が、直江津以北の鉄道敷設を行っている。

本社は新潟市本町通九番町に置かれたが、鉄道敷設に向けて準備を進めてきたのは主に長岡の石油資本だ。設立翌年の役員は、政治家や渋沢栄一など中央の実業家を除くと、長岡を中心とする石油資本から取締役に山口権三郎と岸宇吉、新潟から本間新作と鍵富三作。それぞれ二名ずつ入っている。

北越鉄道の路線は、長岡からは蒲原平野を大きく迂回《うかい》し、新津（新潟市秋葉区）から北上するため、新潟市に駅をつくるには、どこかで信濃川を渡らなければならない。この頃の川幅は今と異なる。列車を渡すには初代萬代橋同様、長さ八〇〇メートル近い鉄橋が必要だった。当時の新聞によれば、鉄橋で信濃川を渡って新潟市に駅をつくるという約束で、市民が一万株（五〇万円）を引き受けたのだが、後に信濃川への鉄橋敷設は予算的に無理ということになり、これは萬代橋東詰付近であれば致し方なしと市民も納得。ところがさらに、東詰に適当な土地がなく地価も高いということで、ここを通り越して当時まだ新潟市ではなかった沼垂に駅をつくって新発田へ向かうという話になり、新潟側はここで堪忍できなくなった。新潟の取締役はじめ有力者は、北越鉄道役員内部の多数派工作を行う一方、市内では全商店を閉店しての反対集会を、寺や寄居浜などで幾度も開く。北越鉄道側は、職員が襲撃される危険があるとして本社を東京に移転させたほど、市内は騒然とした。

現在は廃止されている沼垂駅は、いまの信濃川右岸東埠頭のそば、焼島潟のほとりにあった。駅ができる前は、日本石油の機械工場が進出していたくらいで、周囲は梨畑やレンコン栽培の沼地もある閑散とした土地。余剰地が多かったため、駅ができてからは一気に工場進出が進むが、それは後の話で、八木朋直市長（当時）が上京して内務省に行った訴えはこうだ。

（沼垂町は）交通至って不便にして人口わずかに二百に過ぎざる町なり。新潟市は同地に特種の産業なく、内外貨物の運輸により市の生計を保持するものなれば、沼垂町竜ケ島停車場の設地は、全市の営業を奪いて、枯死せしむるの原因なり（国民新聞、一八九七年四月二二日）

「特種の産業なく、内外貨物の運輸により市の生計を保持するものなれば」というこの訴えは、実は町の創建以来、新潟が数百年繰り返してきた決まり文句だった。かつては信濃川右岸の沼垂も港町、つまり「内外貨物の運輸により」町の生計を立てていたのだったが、流路が変わったり中州ができたりと利害が対立するたびに新潟（長岡藩）、沼垂（新発田藩）の間で訴訟が起こり、そのたびに徳川家譜代大名の長岡藩が勝訴。沼垂は度重なる敗訴によって、港町として生きていくことができなくなった経緯がある。新発田藩は外様大名だった。

沼垂では市街化されていない土地が畑になっていたのに、新潟では荒野のまま手が付けられていなかったのは、江戸時代から繰り返し「新潟市は同地に特種の産業なく、内外貨物の運輸により市の生計を保持するものなれば」を使ってきたからだ。

しかし、この時は新潟の訴えは通らなかった。北越鉄道の計画に反対する活動家たちはとうとう、開通目前の一一月一〇日深夜、栗ノ木川鉄橋と貨物庫に爆弾を仕掛けて爆発させる。有罪判決を受けた一六人の中には、後に東洋物産株式会社の社長に就任し、北洋漁業に参入する桜井市作も含まれている。桜井は第八代の新潟市長にもなった。

爆破の被害は開業日が少し遅れる程度で、開業後は当時まだ有料だった萬代橋の渡り券付きチケットが販売され、近郷から汽車で沼垂へ、萬代橋を渡って新潟へという人の流れができた。沼垂駅開業から七年後には、現在の弁天公園付近に新潟駅ができ、結局鉄橋で信濃川を渡ることはなかったが、当初の約束だった萬代橋東詰付近への建設は果たされた。

桜井市作

一八七一—一九二二。新潟市出身の実業家で市長を務めたのは一九一六年から一九一九年。爆破事件を起こしたことで市民の人気が高かった。

自由出漁
革命混乱期のロシアで、了解なしにロシア領内へ出漁したことを日本側でこう呼んだ。日露戦争当時にはなかった言葉だが、後に編まれた書籍等で用いられた。

小熊幸一郎
一八六六―一九五二。新潟から箱館に渡った後、一八九五（明治二八）年に独立し産物商を営む。日露戦争終結後は漁場経営の傍ら海運業にも進出。北洋漁業の近代化、資本増大に積極的に取り組み、一九一三（大正二）年からは所有船をすべて汽船に切り替え、一九二〇（大正九）年にはカムチャツカで漁場を営む漁業家が合同した堪察加漁業株式会社に参加し社長に就任。のちに日魯漁業に吸収された際には、取締役に就任している。

小熊幸一郎像
道路開削などに私費を投じた篤志家、郷土の偉人として太郎代（新潟市北区）に造られた。

七　日露戦争と北洋漁業―オホーツクの海賊

戦時下の「自由出漁」

日露開戦は一九〇四（明治三七）年二月。日本軍によるロシア旅順艦隊への攻撃から始まった。ロシア海軍バルチック艦隊を日本海海戦で撃破したのち、アメリカルーズベルト大統領の勧告によって講和が開始され、講和条約（ポーツマス条約）は開戦翌年の九月に締結された。新潟には、街に電灯がともり始めていたが、ガスと水道はまだ存在しておらず、堀では水売りや野菜売りの舟が行き来し、道では人力車が走っていた頃のことだ。

開戦に当たって北洋への出漁は禁止されていたが、あえてこの時期に出漁した人物がいる。太郎代浜（新潟市北区）出身の小熊幸一郎だ。新潟で廻船問屋を営んでいた小熊幸吉に八歳で引き取られ、市内の豊照校上等科を卒業後に上京して丁稚《でっち》奉公。一八八七（明治二〇）年にイカ漁船に乗り込んで函館に渡り、漁場経営で成功した。北洋漁業に初めて汽船を使ったのが小熊といわれ、漁業の近代化に尽くし、育英基金の設立、函館市の公共施設への寄付などで「函館の恩人」と賞賛されている。故郷である太郎代でも自費で道路建設を行い、村の不便を解消するなどさまざまな貢献をして、銅像が建てられている。蛇足だが、函館に赴く前に一時新潟へ戻り、その時伏見半七がかつて勤めた廻船問屋南半之助商店で働いていた。

この時期既に函館屈指の豪商になっていた小熊に、あえて危険を冒す必要はなく、後の自伝によれば「愛国心」ゆえの「自由出漁」で「決死隊の漁夫を募ったところ、命知らずの荒武者が五十余人も応募してきた」という。しかし、これは樺太西岸で嵐のため座礁しロシア兵に拿捕され、密漁は失敗に終わった。小熊自身は船には乗り込んではいない。

乗組員たちはその後捕虜としてロシア内陸に護送され、アメリカ公使館に引き渡されてから、その年の一二月に横浜港へ帰還する。この出迎えには、函館選出の国会議員になっていた内山吉太が駆けつけ、あたかも凱旋《がいせん》帰還のようだったという。内山の妹が小熊に嫁いでおり、二人は姻戚でもあった。

カムチャツカの殺戮

ロシアの捕虜となった小熊の船員は戦争中に全員返還されたが、カムチャツカ半島ではそうはいかなかった。戦前から千島列島で同志を募り、開発目的の探検を行っていた郡司成忠らが、開戦後しばらくしてカムチャツカ西岸でロシア民兵に捕まり、郡司は捕虜となるが、同行者の一部はその場で殺された。

郡司は海軍大学校卒業の海軍軍人で、同級生には海軍大臣を務めた斎藤實、加藤友三郎がおり、広い人脈を背景に明治二〇年代から千島の開拓を提唱し「報效義会《ほうこうぎかい》」を結成して実践的な活動を行い、世間の注目を浴びている。拓殖越冬などで多くの死者を出すなど批判もあったが、政府の補助金を得ながら活動していた。小説家の幸田露伴の兄でもある。

カムチャツカでは日本人漁業者の漁は禁じられ、買魚と密漁が行われていたが、交戦中でもこれは絶えることがなかったようだ。日露開戦を千島で知った郡司があえてカムチャツカに向かったのは、密漁によりロシアに拿捕された「一一隻」の船を奪還するためだったという。ロシア側から見れば郡司は、軍歴があり複数の船を持ち、なおかつ日本海軍をバックに持ったやっかいな「海賊」だった。

日本政府は開戦後に、千島などにいた日本人を引き揚げさせているが、密漁者は把握されておらず、日露戦争中にどれくらいの日本人が殺されたかは定かではない。郡司ら一行も各地で漁を行っており、この時一八人が乗った報效丸が行方不明となっている。乗組員は八丈島出身者が多かったが、新潟県出身の白川慎吉（沼垂町）が含まれている。彼らの行方はその後も分かっていない。

東丸乱闘事件

ポーツマス条約は締結されたが、いまだ漁業環境は整っていなかった一九〇六（明治三九）年、新潟からカムチャツカへ出漁した船は複数あった。樺太は停戦間際に日本軍が占領していたが、カム

郵便はがき

9 5 0 - 8 7 6 2

料金受取人払郵便

新潟中央局
承　　認

9130

差出有効期間
2021年3月
29日まで
（切手不要）

9 6 7

新潟市中央区万代3-1-1
新潟日報メディアシップ14F

新潟日報事業社

出版部 行

アンケート記入のお願い

このはがきでいただいたご住所やお名前などは，小社情報をご案内する目的でのみ使用いたします。小社情報等が不要なお客様はご記入いただく必要はありません。

お名前《フリガナ》		□ 男 □ 女 （　　　歳）
ご住所	〒 TEL.（　　　）　　　－	
Eメール アドレス		
ご職業	1. 会社員　2. 自営業　3. 公務員　4. 学生 5. その他（　　　　　　　　）	

●ご購読ありがとうございました。今後の参考にさせていただきますので、下記の項目についてお知らせください。

ご購入の本	

〈本書についてのご意見、ご感想や今後、出版を希望されるテーマや著者をお聞かせください〉

ご感想などを広告やホームページなどに匿名で掲載させていただいてもよろしいですか。（はい　いいえ）

〈本書を何で知りましたか〉番号を○で囲んで下さい。

1.新潟日報　2.書店の店頭　3.キャレル・assh
4.出版目録　5.新聞・雑誌の書評（書名　　　　　）
6.イベント　7.インターネット　8.その他（　　　　　）

〈お買い上げの書店名〉　市区町村　書店

■ご注文について

小社書籍はお近くの書店、NIC新潟日報販売店でお求めください。店頭にない場合はご注文いただくか、お急ぎの場合は代金引換サービスでお送りいたします。

【新潟日報事業社 出版販売】電話 025-383-8020　FAX 025-383-8028

新潟日報事業社ホームページ　URL http://nnj-book.jp

チャツカは交戦中とさして変わらない状況にあったようだ。

田代三吉所有の東丸には、片桐寅吉の「食客」だったイワン・ポポフが乗り込んでいた。イワン・ポポフ名義で経営されているカムチャツカの漁場から、魚を買う手はずになっていたところ、現地に着いてみたら漁は行われておらず、できる見通しもなかった。その場で船から追い出されたポポフは、現地のロシア人に東丸の「密漁」を通報。駆けつけたロシア人との間で、積み荷を全て渡すか賄賂で密漁（漁具は船に積まれていた）を見逃すかの交渉の間、東丸側は日露戦争勝利の余韻もあってか交戦を決意する。乗組員には複数の軍歴者がおり、積み荷には銃もあった。

双方に死者行方不明者を出す大乱闘となるが、東丸は首尾良く積み荷を奪還して出奔。この時買魚交渉のために漁場から離れ、先住民の漁場を訪ね歩いていた何人かは、事件を知らないまま置き去りにされた。彼らは別の船を見つけて乗せてもらい、函館で東丸と合流して事情を知ったという。

いまだ混乱状態にあったこの年、新潟、函館などを拠点にカムチャツカや沿海州に出た船の数ははっきりしない。が、置き去りにされた東丸乗組員が、すぐに別の船を見つけられる程度に漁場が賑わっていたのは確かだ。

八　北洋漁業最盛期

日露漁業協約

一九〇五（明治三八）年九月、アメリカポーツマスで締結された講和条約の内容は、ロシア側に余力を残した日本の辛勝であったために、賠償金を得ることができなかった。国内世論はこれを日本政府の弱腰と批判し、焼き討ち事件などが起きた。新潟では九月一三日に、白山公園でおよそ三万人が集まる反対新潟県民大会が行われ、新潟新聞社長を経て当時衆議院議員だった坂口仁一郎（坂口安吾の父）、北洋漁業家でもあり同じく衆議院議員だった関矢儀八郎らが演説している。関矢は「無能内

水揚げされたマス

閣の処決せざる間は国民は納税すべからず」（新潟新聞、一九〇五年九月一四日）と聴衆を煽《あお》った。

だがこの条約は、北洋漁業家にとっては大きな勝利だった。条約の第一一条に、

露西亜ハ日本海、オコック海、及ベーリング海ニ瀕スル露西亜国領地ノ沿岸ニ於ケル漁業権ヲ日本国臣民ニ許与セムカ為日本国ト協定ヲナスヘキコトヲ約ス

が盛り込まれ、日本側にとって一〇年来の懸案だった二国間の漁業協約締結に道が開かれたのだ。加えて、明治初頭に権利を破棄した樺太のうち、北緯五〇度以南が日本に戻ってきた。

日露漁業協約はほぼ一年間の交渉の後、一九〇七（明治四〇）年七月に調印、同年のうちに施行された。争点になったのは、日本人に認められる権利にラッコやオットセイなどの海獣類を含むか否か、先住民の食料確保の名目で河川、入り江を権利に含まないとすれば、それをどう定義するかということくらいで、大きな衝突はなく日本側の要望はほぼ受け入れられた。この時から、北洋漁業家たちはロシア領でロシア人と同等の権利、言い換えればほぼ自国並みに漁業を行う権利を獲得した。

交渉に先立って函館商工会議所が政府に提出した建言書（『函館市史』）を要約すると、

・日本人の漁獲と製造の権利はロシア人と同等とし、漁場獲得においても抽選で均等に日本人に与えること。
・漁場で使役する漁夫は日本人を許可し、漁網も日本式の建網を使用できること。
・漁獲物の製造処理に要する家屋や作業場などの付帯施設は無料で使用できるようし、必要な木材や薪炭の伐採を許可すること。
・沿海州の港湾、河川には船舶の自由な出入りを保証し、現地住民に物資を提供する一種の貿易を認めること。
・漁業における各種税を全て廃して漁獲免許料のみとし、漁獲物、製造物にはロシア国内への販売、外国への販売を問わず一切関税をかけないこと。

・漁業期限は一〇年を下らない長期とすること。
・日本政府発行の許可証があればロシアでの許可は不要とすること。
・将来沿海州の漁業に関して新たに法令を定める場合、または他国との条約締結によって日本に不利益が及ぶ可能性のある場合、日本の同意を得ること。

などが当時の漁業者の要望だった。

漁はこれまでロシア側で任意に設定した漁区が申請や、数が多ければ入札等で割り当てられていたが、優良漁区を優先的にロシア人に割り当てたり、一年限りと短く区切られたりしてきた。一年では漁区の特性が分からないまま終わってしまい、また漁期は六月ごろから一〇月ごろまでのわずかな期間でしかなく、漁夫が滞在し加工に使う設備を一漁期しか使えないとなると、コストがかさみリスクばかりが大きくなってしまう。また、日本人漁業家が必要な物資も漁夫も日本から運んでくると、ロシアではモノも売れず就労の場にもならないため、持ち込む資材や雇用についてさまざまな制限が加えられていた。

それにしても、まさに「自国並み」の条件を求めており、当時北洋漁業家たちは、自分たちの漁場が外国にあるとは認識していなかったのではないかと思われる。

漁区競売制のスタート

これまでは個々に申請されていた漁区の借用は、日本人、ロシア人同等の条件で競売に掛けられることになった。第一回競売は、いまだ仮協約下の一九〇七（明治四〇）年六月一四日、一五日の二日間にわたってウラジオストクで開催された。競売に掛けられた漁区は二三二（うち製魚区三・先住民保護の目的で河川は漁区から除かれており、そうした河川漁場から魚を買い取って加工できる場所）で、一漁区の大きさは延長およそ二一〇メートルの海岸線に対し、沖に一・六キロ、作業場として陸側におよそ四〇メートル。場所によって漁獲の良否が異なるため、漁区ごとにロシア側が予定価格を設定していた。

網起こし

この入札に参加したのは日本人五七名、ロシア人二〇名。結果は日本人三五名が八七漁区を落札し、ロシア人は六漁区を落札。既に漁期に入っていた時期に競売が行われたこともあり、参加者全員が落札したわけでも、入札された全漁区が落札されたわけでもなく、華々しいスタートとは言えなかった。

この年は、漁の遅れに加えて荒天続きで漁獲量も少ない。その一方で、前年までと同様の「自由出漁」は盛んだったようで、カムチャツカで監視に当たっていたロシア警備艇の報告書には「今年はできる限り寛大な対応をしたが、もし厳格に拿捕していれば、その数は六〇隻を下らなかった」（「露領沿海州視察復命書」）と記録されている。翌年は漁業協約発効下で、日本人五五名が一一九漁区を獲得。ロシア人の参加はない。

ちなみに、第一回競売の前に日本側は、入札の見通しや入札価格高騰の抑制策について話し合う、沿海州漁業者委員会を東京で開催している。参加した一六人の委員の中で、新潟からは片桐寅吉が選ばれている。片桐は江戸時代から続く鮮魚商で、五菜堀に面した上大川前通一二番町に居を構えていた。田代三吉とともに日露戦争前から買魚をしており、田代に「まず新潟では片桐寅吉氏が最も長く遠洋漁業に従事しておられて」（新潟新聞、一九一九年三月一七日）と言わしめた漁業家だ。

一九〇八（明治四一）年に日本人が獲得した一一九漁区のうち、新潟の漁業家が獲得したのは一二人三四漁区。都道府県別では、北海道一九人三五漁区に次ぐ。三年後の一九一一（明治四四）年には、新潟は二六人七五漁区に増えている。全体でも漁業者・漁区ともほぼ二倍に成長し、北洋漁業は全盛期を迎えようとしていた。

露領沿海州水産組合の設立

一九〇八（明治四一）年一〇月二五日、露領沿海州水産組合（後に露領水産組合と名称変更・以降露領水産組合）の設立総会が東京で開催された。日露戦争勝利で得た権益を、国を挙げて最大限に活用するとともに、漁業において対露関係をいかに有利に進めていくか。日露漁業協約の有効期限は一二年で

三羽船巻き上げ

あり、改正、更新期を見据えて関係者の大同団結を図ることが組合設立の目的だった。

組合員として設立総会に出席、あるいは委任状を提出した個人・企業総数は一一八。地域別では函館の三四が最も多く、次いで新潟の二六、富山の二四、東京一三、愛媛六と続く。役員七名のうち組長（＝代表）には、開戦中にカムチャツカで拿捕されていた郡司成忠、新潟からは評議員として関矢儀八郎が選ばれ、議員三〇名のうち新潟県から田代三吉、児島侃二、高橋助七、堤清六、中山忠次郎、東洋物産株式会社、新潟遠洋漁業株式会社の五名二企業が選出されている。

定款の第一章第一条は「本組合は露領沿海州に於ける彼我水産業の円満を期し弊害を矯《た》め風紀を正し水産業の改良発達を図り組合員共同の利益を挙ぐるを目的とす」。ロシア政府は、初年こそ大目にみたものの漁業取締規則の厳格な運用を開始しつつあり、日本側も法令遵守を徹底する必要があった。ロシアに対して「彼我水産業の円満」をアピールするためには、密漁が発覚し、乱闘の末拿捕された郡司が代表を務めるのは不適切であり、ロシア側の求めもあって郡司は設立後まもなく組長を辞任している。

一九一〇（明治四三）年には、ロシア政府はロシア人漁業者の販路であり、先住民の収入源でもあった買魚を全面禁止にした。買魚を隠れ蓑《みの》にした密漁を完全にシャットアウトするためだった。二国間で権利が保証された北洋漁業全盛期の始まりは、「パイレーツ・オブ・カムチャツカ」時代の終焉でもあった。

新潟支部と新潟政財界

東京に本部を構えた露領水産組合は、新潟、函館、ニコラエフスクの三カ所に支部が設立された。新潟支部長は関矢儀八郎が就任。副支部長に片桐寅吉、常議員に中山忠次郎、田代三吉、浅井惣十郎、高橋助七、堤清六の五名が選出され、使役する漁夫の労働条件などが決められた。一九〇九（明治四二）年四月一日現在の組合員は以下の通り。

露領水産組合の集合写真
最前列左から5番目が関矢儀八郎。撮影日時は不明だが、後に会員となった立川甚五郎が写っている設立時のものではない。（立川家所蔵）

有田清五郎
青木清次郎
飯田定太郎
石井留吉
石山久治
大串重右衛門
大橋藤次郎
小熊幸治郎
小沢松太郎
片桐寅吉
鹿取久治良
児島侃二
佐藤啓之丞
鮫島弥八
柴田清作
鈴木義竜
鈴木佐平
関矢儀八郎
高橋助七
田代三吉
玉水孝次郎
堤清六
東洋物産株式会社

浅井惣十郎

?—一九三八。廻船問屋南部屋当主で市議、市参事を務める。廻船問屋倉庫、新潟瓦斯（ガス）、新潟農商銀行などの役員を歴任。明治末には西カムチャツカなどで、一〇〇名を超える漁夫を雇い北洋漁業を行っていた。

中山忠次郎
新潟遠洋漁業株式会社
西脇喜四郎
花沢平吉
花房並次郎
平塚常次郎
藤田多三郎
堀慶太郎（五十音順）

有田清五郎と大串重右衛門（岩舟町・現在の村上市）を除く全員が、新潟市（当時の市域）に住まいを構えている。函館も含め当時ほとんどが個人の漁業家だった中、新潟市では法人二社が参入していた。

新潟遠洋漁業株式会社は一九〇七（明治四〇）年設立。前年暮れに、新潟市のイタリア軒で財界人を集めた設立発起人会を開いており、関矢儀八郎と浅井惣十郎が挨拶に立った。浅井は廻船問屋を営み、当時は新潟市議で北洋漁業家でもあった。設立委員は漁業家の田代、片桐、浅井のほか、齋藤喜十郎子息の齋藤庫造、新潟銀行（のちの第四銀行）頭取の白勢春三ほか七名、発起人二一名の中には鍵富三作子息岩三郎も含まれている。席上で何が語られたかは定かではない。新潟財界を代表する顔ぶれが一堂に集まったことは、北洋漁業が新潟において「漁業」ではなく「事業」として受け入れられたことを物語っている。新潟遠洋漁業株式会社は新潟商業会議所内に事務所が置かれ、資本金一〇〇万円、一六隻の帆船を所有してスタート。ただしこの後まもなく解散してしまった。

挫折したとはいえ、新潟商業会議所がこのような動きを見せたのは大きな変化だった。日露戦争開戦中の一九〇四（明治三七）年一一月には、県会が知事宛てに、漁獲減から紛争も起きていた県内の沿岸漁業問題を解決するため、沿岸漁業者に遠洋漁業参入を促すための遠洋漁業研修船を、県費で建

造すべきという意見書を提出している。意見書は、北洋の資源豊富であることを述べた後、

> この無尽蔵の宝庫に対し県下当事者（沿岸漁業者のこと）が従来冷淡に看過ごし鎖鑰（さやく・鍵のこと）を開く者甚だ少なきは何ぞや、季候の関係交通運輸の関係資本の関係等これをして然らしむものありといえども、要するに智識の程度ここに到らず…遠洋漁業開拓の如き一に当事者の発憤に待つ能わざるものあり、すなわち戦後の経営として機先的周到なる計策を確立し、無尽の漁利を獲得するの途を示し

とある。この時はまだ旅順攻略のただ中で「戦後」をうんぬんできる時期ではなかったが、日本国内では日露戦争勝利は当然のこととみられていたのだろう。ポーツマス条約締結後に関矢が、政府を無能扱いしたのも頷《うなず》ける。

県はこれを受けて、遠洋漁業指導船新潟丸（一五〇トン・造船費二万一八〇円）を建造し、日露戦争勝利の翌年一九〇六（明治三九）年一〇月に完成する。目的は、沿岸漁業で過当競争にさらされていた県内漁業者の救済だったが、北洋漁業は、日露漁業協約締結以前から県も期待を寄せるものとなっていたことが分かる。

ところが新潟丸は、「無尽の魚利」にたどり着く以前、進水からたった一〇日ほどで、山形県鶴岡市の浜に打ち上げられてしまった。そのまま翌年まで放置された新潟丸を、東洋物産株式会社が月額一円で借り受ける約束を県に取り付け、引き上げて修理。第二金丸という名で、カムチャツカへ送り込んだ。東洋物産は新潟遠洋漁業の設立と同じ年に、資本金も新潟遠洋漁業と同じ一〇〇万円で設立された。新潟丸を引き上げた時は、東洋物産前身の金丸商会だったため、船の名前が第二金丸だった。

東洋物産は以降、新潟では田代三吉と並んで常にトップクラスの漁獲を得ており、送り込み船に汽船を導入したのも新潟では最も早い。露領水産組合新潟支部の事務所は同社内に置かれ、関矢の次の支部長となった井出智は同社役員でもあった。

堤清六

一八八〇―一九三一。三条の呉服商に生まれ、日露戦争中に軍の御用商人になるべく沿海州を視察。この時平塚常次郎と知り合い漁業に参入した。缶詰の量産とヨーロッパへの輸出に成功しマルハニチロの礎を築くとともに、建設間もない丸ビルに本社を構え、自らは衆院議員として北洋漁業の利害を国策化。宇田事件の責任を取って日魯漁業会長を辞任した二年後に死去。亘四郎元新潟県知事の実兄。

平塚常次郎

一八八一―一九七四。堤が早世した後日魯漁業を支え、日中戦争中の一九三八（昭和一三）年から日魯漁業社長就任。戦後は政界に出て第一次吉田内閣の運輸相となるがGHQによる公職追放に遭う。一九五二（昭和二七）に再び日魯社長に再任され、戦後北洋漁業の再興に尽力。

新潟の堤商会

組合員名簿の中で注目すべき名がもう二つある。堤清六と平塚常次郎だ。この両者が急成長する日魯漁業（株式会社ニチロの前身）を経営し、のちにほとんどの北洋漁業家を吸収して個人事業家をほぼ一掃することになる。

堤は三条の呉服商に生まれ、貿易を志して北方を視察。アムール川河口近くで買魚をしていた平塚と出会う。平塚は「函館四天王」と呼ばれた函館財界の重鎮平塚時蔵の甥《おい》。郵便局長だった父親の赴任先択捉島で子ども時代を過ごし、札幌露清語学校を中退したあと日露戦争に従軍していた。意気投合し北洋漁業を志す約束を交わした後、堤は三条へ戻って親を説得。その年のうちに叔父、堤清吉の住まいだった東堀前通七番町に「堤商会」の看板を掲げた。

堤商会最初の所有船は宝寿丸で、これは田代三吉の紹介で手に入れている。田代は婿で、実家が堤と同じ三条だった。船籍が福井県若狭にあった中古船で、代金は五七〇〇円。堤と平塚は二四人の漁夫と一緒に乗り込み、一九〇七（明治四〇）年六月四日新潟港を出港した。明治末の堤商会の漁獲高は、田代の五分の一程度でしかなかったが、従来の塩蔵鮭から缶詰生産への転換に成功して、北洋漁業そのものを大きく変えてしまう。その堤商会のスタートは、新潟から始まった。

この年は農商務省水産局が職員を視察に出しており、カムチャツカ半島東海岸で当時はまだ無名の漁業家だった堤に話を聞いている（「露領沿海州視察復命書」）。

これによれば、堤のいた漁場はロシア人サモイレンコが、堤の宝寿丸を一漁期二五〇〇円で借りて経営しているという形で、買魚と商店の免状を取得したと堤から説明を受けている。「事実上は数百円（百七十円を与えたりというも疑問なり）を与えて堤清六が漁業したるものなり」。そして、日本から持ち込んだ雑貨類を現地で獣皮などと交換している。

まだロシア政府によって買魚が禁止される以前のことで、ロシア政府に提出した書類上は、サモイレンコが堤の船や資材を二五〇〇円で借りて漁場と商店を経営する形になっているが、実際はサモイレンコに数百円支払って、全て自分がやっているというのが堤の説明なのだが、この職員はおそらく厳密には幾らなのかと再質問して、堤から一七〇円という回答を引き出し、実際はこれよりさらに少額なのではないかと内心疑っている、という記述である。

もともと堤は、日露戦争で大陸に渡った日本軍との商取引を目指して対岸へ視察に赴いた経緯もあり、商店経営は常に頭の中にあったのかもしれないが、当時北洋漁業家、あるいは船員がさまざまなものを持ち込んで魚や獣皮などと交換したり、売買したりすることは広く行われていたことだった。

九　明治後半の新潟

ウラジオ直航便再び

日露戦争勝利によって、東清鉄道の一部や炭鉱など、対岸にさまざまな権益を得ると、新潟財界は新潟港を、対岸と日本とを結ぶ物流拠点とすべく、再びウラジオストクとの直航定期航路開設に向けて県会などへ働きかけを始める。ロシアでは、日露戦争中に食料不足を訴えるデモを鎮圧した血の日曜日事件をきっかけに第一次ロシア革命が起こり、全土に混乱をもたらしていた。ロシア政府は国内の食料不足を補うため、ウラジオストク港からの食料輸入を増大させようとした。新潟にとっては、ウラジオストク定期便が不振によって起点を外された一〇年前の挫折から再起し、国際物流によって新潟を再び集散地にするための、大きなチャンスだった。

新潟起点から敦賀起点に移ってしまったウラジオストク定期航路は、その後も新潟に回漕して継続されていたが、新潟―ウラジオストク間が数週間かかってしまうため非常に使い勝手が悪かった。この頃新潟から主に輸出されていたのが梨で、保存性が高いものではあったが、輸送期間が数週間では輸出が難しかった。ゆえに、直航便なのである。

県は一九〇七（明治四〇）年、越佐汽船会社に対して五〇〇〇円の補助を決定し、同年四月一九日、第一便が新潟港を出港した。この時には、輸出を取り仕切る海外貿易株式会社を設立し、梨、味噌、

小澤七三郎

一八四三—一九〇七。初代七三郎が廻船問屋を始め、新潟曳船汽船、新潟倉庫など港湾関係企業の取締役を務める。新潟市議、新潟商業会議所設立発起人、新潟商業会議所常議員。居宅は上大川前通十二、現在小澤家住宅として公開されている。

米など一万円相当の輸出品を積載した。先の直航便開設の際に「輸出物なく輸出商なき新潟」（日本郵船会社近藤廉平社長）と指摘されたことに対応したものだった。社長の青山松蔵は、新潟市議会議員を務めたこともある市内有数の食品卸商。海外貿易株式会社の資本金は二〇万円で、取締役に田代三吉、監査役に高橋助七、齋藤喜十郎、小澤七三郎が加わっている。

さらに、二度目の七月の航海では、全県から商店主、銀行家、農家、新聞記者など貿易促進に関係する七〇人の視察団を送り込み、現地の日本人商店経営者らと情報交換を行い、日露戦争で獲得した樺太まで足を延ばしている。この直航便開設は一〇年前の経験から、できうる限りの準備をして臨んだものだった。

ところがこの同じ年、ロシア政府が敦賀港へウラジオストクと結ぶ直航便を開設した。これはシベリア鉄道ともつないだ航路で、当時日本とヨーロッパを結ぶ最短ルートとなる。次いで日本政府も敦賀—ウラジオストク間で週一便の命令航路を開設する。ロシア配線の週二便と合わせて週三便が運航し、敦賀港は対岸どころか地球半分に対する玄関口となる。これこそがまさに、新潟がかくあるべく望んだ姿だったが、実現された場所は新潟ではなかった。

敦賀港は、七尾や伏木、博多など合わせて二二港と一八九九（明治三二）年に開港しており、この頃には既に北陸線金沢—米原間が開通して京阪神から東海道本線と繋がっていた。敦賀港の総輸出入額は、新潟港の二分の一だったところから一気に二倍となり、新潟は遙か後ろを追うことになる。

漁区の競売に参加するため、新潟から漁業家、あるいは代理人がウラジオストクへ赴いているが、高橋助七家に残されていた代理人の道程は、

・新潟より直江津まで汽車（一円七五銭）
・直江津より伏木まで汽船（一円三〇銭）
・伏木より敦賀まで汽車（一円七八銭）
・敦賀にて二日間滞在費（三円四〇銭）

・敦賀よりウラジオストクまで汽船（九円）

となっており、新潟港ではなく敦賀港の直航便を利用してウラジオストクに向かっている。数カ月に一度という新潟発定期船では、用をなさなかったようだ。敦賀―ウラジオストク線は、時期によってかなり混雑した模様で、露領水産組合新潟支部で早期予約を促す回状を出すこともあった。

県の補助で行われた新潟―ウラジオストク直航便は、この後八〇〇〇円まで補助が引き上げられて一九一三（大正二）年まで運航が継続された。海外貿易株式会社は経営不振によって、これより先に解散している。

ところで、ロシアのウラジオストクへの輸出が米や味噌だったのは、現地に相当数の日本人が暮らしていたからだった。視察団は、現地の複数の日本人商店とも懇談している。ウラジオストクは中国東北部（＝満州）、朝鮮と近く、日本人だけでなく多様な人々が暮らしていた。海外貿易株式会社が初回の航海で運んだ輸出品には、全部売れたかどうかは分からないが、金魚や竹細工まであったという。そして帰りの積み荷は、一〇年前の愛国丸と同様、鰊だった。ウラジオストク周辺で得ることができて、なおかつ新潟で売れるものが、海産物しかなかったということだ。同社が漁獲した一一万三六〇〇尾は、新潟で一尾一銭三厘で完売したから、一四七六円八〇銭の売り上げになっている。県の補助金五〇〇〇円は一〇〇〇円×四回＋職員の乗船費用一〇〇〇円という内訳なので、売り上げは助成一・五回分相当、ということになる。

穴あき突堤

新潟商業会議所が、設立以来最も力を入れてきたのは新潟港の近代化だった。とりわけ、大型汽船が入港できる水深を確保することは喫緊の課題。事あるごとに国に近代築港の働きかけを行ってきたが、明治二〇年代までの新潟港は、ほぼ天然自然のまま。ここにようやく工事の手が入ったのは一八九六（明治二九）年。新潟港に流れ込む通船川の川口を付け替え、信濃川河口から右岸一七四九

古市公威

一八五四—一九三四。姫路藩士の子として江戸で生まれ、一八七五（明治八）年文部省給費留学生としてフランスへ留学。帰国後は東京大学で教鞭《きょうべん》を執りながら内務省の土木技師を務める。信濃川、阿賀野川の河川改修計画を策定するため一時新潟へ赴任しており、その縁で初代萬代橋を設計。土木学会初代会長。

メートル、左岸一四六五メートルの突堤を築き、流れを整えることで港湾部分での土砂滞留を抑制するものだった。総工費は一一九万六〇〇〇円余で、工事期間は五年。県負担一九万七〇〇〇円、市負担六万三〇〇〇円。設計は、初代萬代橋を設計した内務省土木局の古市公威が、治水を目的とした信濃川河川改修計画の一環として設計を行っている。

しかしこの工事は、途中水害で流れが変わって幾度か中断し、工事期間が三年延びた。しかも、工事中の一九〇〇（明治三三）年一一月には、波浪で西突堤が長さ五〇メートル以上にわたって沈床を流失してしまっていたため、完成したとは言い難い。国はこれを補修しないまま、強引に工事を完了させて県市へ引き渡そうとする。それは勘弁してほしいと、県市は何度も国に対して工事継続を求めたがつれなくあしらわれ、一九〇三（明治三六）年一二月に欠損した堤防を引き渡されてしまった。

工事費の新潟市負担分は財政難から市債募集で賄われ、築港への期待で市民からは必要額を超える応募があった。当時の新聞には堤防の欠損も大きく報じられたが、穴あき突堤のまま国が工事を終了してしまったことがよほど悔しかったのか、大正に入って以降も、国が工事をきちんとしなかったという話がそこここに姿を現す。伏木（富山）、敦賀（福井）などが開港し、新潟税関が横浜税関支署に格下げされたのは、この工事の期間中のことだった。新潟市民にとっては、開港五港のプライドをさんざん傷つけられた最後の仕打ちが穴あき突堤だ。

国が強引に工事を完了させたのは日露開戦の三カ月前で、世論は開戦を煽り、政府も開戦やむなしという判断に傾いていた頃。再工事で穴を塞《ふさ》いでいるどころではなかった。

突堤の穴が塞がれたのは四年後、県がウラジオストク直航便を就航させた年だ。膨大な戦費負担を強いられた日露戦争を終えて、ようやく大河津分水路の着工が決まり、港の流水量が減少することから分水路の付帯工事として行われた。突堤を造り直し、右岸河口から上流一一八〇メートルにわたって護岸工事も行われ、西突堤の先端に灯台が設置されたのがこの時の工事による。

沖まで流れが整えられたことで、港の水深は工事を経て三～四・五メートルとなったが、古市の結論は、あとは浚渫《しゅんせつ》するしか水深を確保する手段はないというもの。県、市はこの後、浚渫船と浚渫費用の確保に奔走することになる。浚渫は戦時中、連合軍の機雷封鎖で身動きが取れなかった時期を除けば、この頃から現在まで続いている。港町として新潟町が造られて以降、阿賀野川の水が土砂を押し流して水深が確保されていたのは一一〇年余、松ヶ崎掘割決壊によって阿賀野川河口が移動し、土砂が溜まり続けた期間が一七〇年余、常時浚渫するようになってからが一一〇年余。新潟港が諸条件に恵まれた良港だった時代は、実はそれほど長くない。

新潟財界は、この工事が加えられた新潟港に納得したわけでも、これで諦めたわけでもなかった。ここから官民で、新潟港のあるべき姿についての検討が始まる。鉄道が通っていた信濃川対岸、山ノ下に近代的な埠頭を整備し、鉄道を延伸して直結させるという計画が明らかにされるのは大正以降で、この段階では沼垂町との合併を果たしておらず、対岸は新潟市ではない。既に信濃川左岸の新潟市は近代築港が可能な用地がなく、鉄道とも結べる対岸に建設地を求めたことが、新潟市が沼垂町との合併を望んだ理由だった。

ちなみに、この時築かれた突堤によって土砂の滞留は抑えられたが、それまで河口付近に溜まっていた土砂が沖まで流されるようになったこと、次いで大河津分水路の通水によって土砂の供給自体が減ったことで砂浜が後退を始める。江戸時代から砂浜は人々の憩いの場で、明治大正には「浜遊山《はまよさん》」や海水を沸かした「潮湯」、地引き網などさまざまなレジャーが行われた場所だったが、年々後退。砂丘上に一九三一（昭和六）年に建築された三階建ての気象台測候所が、太平洋戦争中に砂丘から転げ落ちて海中に没し、戦後には住宅地まで浸食してゆくことになる。

市街の様変わり

一八九九（明治三二）年の夏に、新潟を訪れた人気小説家尾崎紅葉は『煙霞療養』で、町の様子を次のように描いている。

およそ市内の家という家は、官省、学校、病院、劇場等の西洋造を除くほか、総《すべ》て屋根の一面に重石を置き並べたもので、目して大廈《たいか》高楼と称すべき建物までみなこれである。これを木羽葺《こばぶき》というが、実に一奇観で、ことに繁華なる新潟市としての一奇観である

そして、この置き石だらけの木羽葺では、

恐ろしいのは火事で、燃抜けるこの石がどたどた落ちてくる

から考え物だと軽妙に語っている。

新潟市街はもともと火災の多い所ではあったが、一九〇八（明治四一）年は格別の年で、三月と九月、二度にわたって大規模な火災が発生し、市街地の大部分を失った。三月の火災では西堀通、東堀通、本町通の六から八番町、上大川前通一から三ノ町が燃え、信濃川に停泊していた汽船と萬代橋の一部まで焼け落ちてしまう。続く九月の大火では、三月には風向きの関係で火が移らなかった東堀通、西堀通の上手二から五番町、営所通、旭町、寄居町が燃え、市役所、警察署、師範学校など官公庁のほとんどを焼失した。

新潟市は、この五年前に二〇〇〇円近い支出で四輪製の「蒸気ポンプ」（蒸気圧で放水するポンプ車）を一台購入しており、同じ年の二月に沼垂で起きた一〇軒規模の火災で応援に駆けつけて力を発揮。これが新潟、沼垂の合併機運を高めることになったが、一〇〇〇軒規模の火災では全く歯が立たない。

この頃、まだ少年だった新発田市出身の画家蕗谷虹児は、父の仕事の関係で家族で新潟に暮らしていた。営所通あたりに家があったようだが、両親と弟とともに延焼を避けて逃げ惑ったという。火が消えて家に戻ったら、

私たちの家の焼け跡には、屋根石で砕けた水瓶と割れた釜しか残っていなかった（蕗谷虹児『海鳴り』）

（『新潟県北洋漁業発展誌』より作成。単位：千尾／（　）は缶詰千函）

鹿取久次良	有田清五郎	関矢儀八郎	高橋助七	中山藤次郎	小川善五郎	立川甚五郎	西脇喜四郎	堤清六
193	141	124	92					234
332	177	22	125	1833	133			348
296	546	305	223		351	297	292	
212	94	40	235		63	178	265	594
399	275	34	192		208	351	430	1286
467	461	16	330		506	501	310	1900
375	497	9	42			899	349	1657
18	485	2	36			41	362	4488
148	853	7	40			757	337	7228
119	177	8	83			124	417	5285（177）

と書いている。尾崎紅葉の言うように、確かに屋根の置き石は「どたどた」落ちて、燃え残った家財に最後のとどめを刺したようだ。

これを機に市街は耐火のため木羽葺屋根から瓦屋根に変わり、市役所や警察署などが洋風建築で再建され、市街の風景は一変する。柾谷小路は幅が九メートルから一八メートルに拡幅され、もはや小路ではなく大通りとなった。新潟では元来、繁華なのは舟が往来できる堀とその周辺だったが、北越鉄道の開通以降、萬代橋を県が買収して通行料の徴収がなくなり、一九〇四（明治三七）年に現在の弁天公園付近に新潟駅ができると、新潟へ入る人モノの流れは船着き場と堀から、萬代橋と柾谷小路に移っていった。

一〇　北洋漁業の裾野

サケマス新潟に二〇〇〇万尾

日露漁業協約の締結によって、北洋漁業は半ば海賊のような、密漁含みの事業ではなくなり、新規参入が増えた。毎年安定した漁獲量を上げた東洋物産株式会社、鈴木佐平がこの頃からの参入となる。現地と往復して人員や資材を届けて漁獲物を持ち帰る送り込み船は、明治四〇年代から大正初めにかけて一〇〇隻前後の船が新潟港に集まるようになった。

当時、新潟港を出入りしていた船舶は、汽船から和船まで全て含めれば年間一万隻を超えており、その中の一〇〇隻は、数としてはわずかだったが、北洋の送り込み船は多くが一〇〇トンを超える洋帆船、またはマストと煙突いずれも備えた機帆船だ。外国貿易のほとんどなかった新潟港が、国際港らしいにぎわいを見せるのは、五、六月の北洋船出航時期と一〇月の帰還の時期だった。

協約下での漁業が始まって三年目の一九一〇（明治四三）年、新潟を拠点とする北洋漁業家のサケマス収穫量は、『新潟県北洋漁業発展誌』によればおよそ七五七万尾。翌一九一一（明治四四）年は豊

新潟県における主な北洋漁業家とその漁獲高

	田代三吉	片桐寅吉	新潟商事（株）	東洋物産（株）	浅井惣十郎	鈴木佐平	花房並次郎
1909（明治42）	1356	1242	819	790	537	321	299
1910	1025	1029	578	1172	493	148	160
1911	2540	1044	986	1424	843	610	306
1912（大正１）	933	669	384	1154	377	471	242
1913	1892	941	817	2333	757	485	359
1914	1085	1531	920	3028	1239	747	392
1915	1495	1216		1911	1309	527	370
1916	3400	2390		5191	1193	406	477
1917	2804	1373		731	1299	1255	400
1918	2624	1828		964	1154	1059	467

漁で二〇〇〇万尾を超えた。田代三吉ら一部の漁業家は函館港で水揚げしたり、横浜港まで運んだりしているため、漁獲の全てが新潟港に入ってきているわけではないが、相当量の塩蔵サケマスが新潟港から輸入されていた。

沼垂町と合併し、大正半ばの新潟市の人口はおよそ九万人。一〇〇〇万尾は一人当たりにすれば、一一一尾という数になる。もちろん全てが新潟市内で消費されたわけではなく、新潟港から各地に運ばれていたが、当時から市内にはサケマスの加工品を扱う商店も多く、地元での消費量も相当な量に上っていた。ただし、当時の塩サケマスは「船で運んでくる間に鮭の重みでせんべいのようなのもあった」というのは、北洋漁業家立川甚五郎の孫国臣さんが祖母から聞いた話。

新潟県内で漁獲されるサケマスは、田代三吉一人の漁獲量の半分にもならず、しかも漁獲は主に県北部村上市の三面川で、新潟市近郊の信濃川ではさほど漁獲量はない。現在でも、新潟市の塩鮭消費は年間一世帯当たりおよそ四キロで、全国平均の二・八倍を超える。都市別では、全国トップの消費量（総務省家計調査ランキング）となっているのは、北洋漁業で大量のサケマスがあったからこそだった。

漁夫の供給地

一九一一（明治四四）年、露領水産組合員の漁場で働いていた漁夫は七一八一人。うち新潟県出身者は一一九七人。北海道、新潟と青森、秋田など東北地方が主な漁夫の供給地で、ロシア人の経営する漁区でも日本人が雇われていたため、出稼ぎ漁夫の全体数はこれよりかなり多かった。新潟支部では、一九一〇（明治四三）年の数字だが船員、漁夫が合わせて二七九二人。他県から来る者、他県の漁業家の船に乗る者、またロシア人の漁業家と契約している漁夫もおり、明治末から昭和初期にかけては春と秋、数千人が新潟に集まり、しばらく滞在したのち北洋に旅立っていった。

地元新潟市から乗り込んだ漁夫もいたが、大半は南浜村と松ケ崎村（いずれも現在の新潟市北区）など北蒲原郡の沿岸集落から供給されていた。南浜村は一八八九（明治二二）年に島見浜、太夫浜、太郎代、神谷地新田が合併してできた村で、早くから漁業家として活躍した小熊、内山、有田の出身地でもある。大正末の調べで、新潟の漁業家の船に乗り込んだ漁夫六九七人のうち、南浜村出身者一五一人、松ケ崎村出身者一一八人（『新潟市史』）。両村とも当時の人口は三〇〇〇人前後でしかなく、若い男のほとんどが北洋出稼ぎを経験していたと思われる。

一九一六（大正五）年に出版された『北蒲原郡是』では、郡内の沿岸漁業について、漁業家戸数二五三七戸に対して漁獲高総額一三万六八四三円で、一戸あたりの収入が低いとしながらも、

> 元来本郡の沿岸村落における漁民は多くが一定期間年季において北海道、樺太、露領沿海州等の遠洋漁業に出稼ぎをなすもの多きに居るを以てその収入は之によりて大に増大し従って一家の経済を維持するを得るものなり

としている。一期の給料は基本給三三円（明治末カムチャツカ行きの場合）と「九一《くいち》」と呼ばれた歩合給がサケ六〇〇〇尾あたり二五円で、これを漁夫一同で分配していた。格別の豊漁でなくとも、基本給と同額程度の歩合給が入ってきたと思われる。北洋漁業は、北蒲原沿岸部の人々が支え、北蒲原沿岸部の暮らしは北洋漁業で成り立っていたと言える。

北蒲原郡の出稼ぎは北洋漁業に限らず、この頃北海道での漁業、農業、福島県の炭鉱、外国での出稼ぎ（移住含む）などもあり、女性も出稼ぎに出ていた。

出稼ぎ供給地の村には、露領水産組合専属の斡旋人、北海道に拠点を移して以降の堤商会の斡旋人などが正月前に訪れて、人を集めていた。この時に前渡し金を受け取って正月を越せば、行くほかはなくなるからだ。ロシア革命中で軍艦護衛付きの「自由出漁」だった一九二二（大正一一）年、田代三吉は二一一人の漁夫を雇っているが、県内はやはり北蒲原、ついで角田など西蒲原の沿岸（新潟市西区・西蒲区）が多くなっており、前借金は一二月の二六日前後に六〇〜八〇円、同じ集落から雇われた漁夫の前借金はほぼ横並びで、隣近所を見ながら前借りの金額が決まっていったような雰囲気だ。年齢は一六歳〜五〇代までと幅広い。しかし三分の二は県外で、主に北海道の出身者が占めている。

サケを入れた木箱
「まぜ屋の鮭」と書かれている。まぜ（間瀬）屋は鈴木家の屋号。

北海道出身者の前借金は、ほとんどが一二月末と六月初頭に二度に分かれ、合わせて一〇〇円前後になっている。一二月が正月用、そして六月の分は乗り込む前に家族に残してゆくためのものだろう。

漁場で働く期間のおよそ二カ月で、沿岸漁業で得られる一年分の稼ぎになるとはいえ、現地での事故や病気による死亡は少なくなく、ロシアの監視船に拿捕されることもある。一九〇七（明治四〇）年には、カムチャツカ南東ペトロパブロフスク港で、六隻の北洋船が密漁などの疑いで拿捕されている。乗組員全員が逃亡した船もあったが、拘束されていた人の中に新潟県出身者が二名いたことが分かっている。一九一〇（明治四三）年には、東洋物産株式会社の漁区でロシア側の検査中にトラブルとなり漁夫一人が死亡、現場監督が逮捕される事件が起きている。

船舶事故では一九一八（大正七）年春に、関矢儀八郎所有の「栄寿丸」、秋に鈴木佐平所有の「千歳丸」の行方が分からなくなっている。千歳丸に乗り組んでいたのは本籍築地村（胎内市）の船長、本籍石川県羽咋郡の水夫長以下船員、漁夫合わせて六三名。漁期を終えて新潟へ帰るところだった。栄寿丸は漁区に漁夫と積み荷を降ろしてから遭難し、上海府村（村上市）の船長以下乗員は七名。条約によって日露間の紛争はなくなったとはいえ、危険な仕事であることに変わりはなかった。露領水産組合新潟支部の一九二〇（大正九）年の取り決めでは、漁夫の業務中の死亡には二五円、病死には一二円五〇銭が払われていた。

船員と附船宿

『新潟県北洋漁業発展誌』を書いた内橋潔は一九五八（昭和三三）年に、附船宿《つけふねやど》「加賀長」を経営していた小田久松から話を聞いている（『高志路』一八五　附船宿の話）。附船宿とは、北洋漁業家の下で送り込み船の積み荷の調達や積み込み、出入港を誘導し、船員が新潟に滞在する間の世話をする宿で、明治、大正から昭和の初め頃まで存在していた。

小田の記憶によるので全てではないかもしれないが、当時存在した附船宿は加賀長（船場町一）、菅江屋（船場町二）、碇屋（毘沙門町）、才木屋（相生町）、相川屋（横七番町）、三組屋（同）、まこも（東浮洲町）、田中屋（同）、三国屋（湊町二）、太田屋（附船町）、前川屋（同）、軽部屋（同）、権兵衛（稲荷町）、大井屋（入船町四）。いわゆる「しもまち」の中でも比較的大きな船が係留できる船場町付近や、堀伝いに行ける場所にあった。

出港準備は二〇日間ほどで、船員たちはこの間、新潟に集められて仕事に掛かる。船内で寝泊まりするか、附船宿に泊まるかはそれぞれだが、この間の食事は附船宿が提供していた。出航前の船員は現金を持っていないため、日々の小遣いなどは附船宿が貸し付け、戻ったらその稼ぎから返済させていたという。この利息は三割という高利であったため、附船宿には船員に金を貸したいという申し入れも多かった。

加賀長は一階三部屋、二階に四部屋あり、一度に宿泊できるのは一五、六人程度。明治末では、大型の送り込み船一隻の船員は一〇～二〇人というところだったので、船員を全員泊めるとすれば一隻一宿ということになる。だが、一九一〇（明治四三）年に東洋物産株式会社は一四隻、田代三吉は一二隻の送り込み船を出しており、一〇〇軒以上の宿がなければ足りない。上記以外に附船宿があったにしても、船員の多くは船内で寝泊まりして、食事と打ち合わせなどに附船宿を使っていたと思われる。船員の家族が会いに来る場合は、附船宿に取り次いでもらったという。

船に積み込むのは、米、味噌、醤油、漬物、酒などの食料と調理器具、食器、煮炊きや暖房、灯火の燃料となる薪炭、石油など、網やロープをはじめとする漁具、加工に使う大量の塩と工具類一式、衣類や薬品、そして現地で先住民らからサケマスと交換するための酒、織物など多岐にわたる。漁業家の中には、例えば高橋助七は塩、鈴木佐平は船具、花房並次郎は米というように、家業として供給元を兼ねていたところもあるが、多くは附船宿を通じて近所の商店から供給されていた。ずいぶん後の話にはなるが、既に北洋船はわずかになっていた昭和前期でも、新潟しもまちでは出航前と帰着後はまず銭湯、そして床屋が大いに賑わったという。明治末、大正の頃もおそらく同じような光景が見られたはずだ。

九月になると、附船宿は共同で浜に小屋を仕立てて世話をしている漁業家の船が入ってくるのを待

鈴木義竜家族とロシア人ウラソーノフ家族
一九二一（大正一〇）年撮影。鈴木義竜の来歴は分かっていないが、立川甚五郎と同じくロシア語通訳から北洋漁業家に転身した一人。

ち、必要とあれば水先案内をしたり艀を出したりもした。附船宿はちょうど、外から来る買積船の世話や売買を代行した廻船問屋と同じような役割を担っていた。

送り込み船には船員と漁夫の他に、ロシア語通訳も乗っていた。日露漁業協約では、ロシア側の検査のために漁区には常に通訳を置くことが義務づけられていたため、新潟では明治末に五〇人前後のロシア語通訳が必要だった。漁業家の中には立川甚五郎、鈴木義竜ら元は通訳として船に乗り込んでいた人もいる。

立川は若い頃対岸に渡ってロシア語を身に付けているが、明治三〇年代は上大川前通に露語学校が存在し、数名の教員がいたという。実際の語学力はしかし、通訳と意思疎通が不可能としてロシア側から検挙された例が少なくない。そもそも通訳不在で検挙された現場もあり、かなりいい加減だったようだ。

船員の団体交渉

一九一〇（明治四三）年五月二七日付の新潟新聞に「水夫《かこ》の不穏」という記事が掲載されている。送り込み船の出航準備のために新潟に集合していた船の乗組員が、

> 数日前より海浜などに集合し何事か協議するところあり。昨日に至りては午前七時頃より各船の代表者三名余ずつ約三〇〇余名の水夫横七番町願随寺境内に集合。各自米一升および金五〇銭を用意して終日立ち去らざる形勢あり

というから一種のストライキ。自分の雇い主に対してでは立場が弱いために、団体で交渉に臨んでいる。

彼らは船主に対して「切出し」と呼ばれていた漁獲に応じた歩合給の増額と、前借金の利息を下げるよう求めていた。切出しは、船長が三割を独占し、その残りから諸経費を引いた分を船員が頭割り

という決まりになっていた。家族を残して出稼ぎする船員たちは、乗り込む前、船主に切出しから前借りをすることが多かったが、その利子が三割もの高利だったのだという。船主側は出航直前に、このような要求をするとは何事かと取り合わなかったため、こうした行動に出たようだ。

船員の供給地は漁夫とは異なり、岩船郡の沿岸部、現在の村上市が多かった。後には組合をつくって交渉に臨むようになり、一九一九（大正八）年には露領水産組合新潟支部では、函館支部と富山支部から船員の給料支給額などを取り寄せて、賃上げ要求に応じるか否かを検討している。

船員は、漁夫より雇用期間も長いがさまざまな面で漁夫よりも優遇されており、関矢儀八郎所有の栄寿丸、鈴木佐平所有の千歳丸、大串重右エ門所有の金比羅丸が相次いで遭難した際には、当然ながら漁夫も同様に被災しているのだが、特に船員の遺族に対してのみ義援金が集められている。発起人は全て、露領水産組合新潟支部、新潟附船業組合、伊藤仁太郎の連名で、芳名帳には海運、運送、造船などの関係者、企業の名が並んでいる。

ところで、願随寺は享保年間に長岡から移転してきた寺院で、一八六七（慶応三）年に新潟を訪れたイギリス軍艦サーペント船長と幕府役人との会談に使われた。所在地は現在元祝町になっているが、周辺一帯が願随寺の地所だった。ポーツマス条約に反対する集会はここでも開かれており、「しもまち」と呼ばれるこのエリアではおなじみの集会場所となっていた。

大日丸事件

少し後の話になるが、一九一七（大正六）年一〇月一日の夜、その事件は起きた。北洋から戻ってきた送り込み船は、荷降ろしの順番を待って二十数隻が信濃川に停泊していた。長野県から大雨の知らせが入り、信濃川の増水は警戒されていたが、大日丸（田代三吉所有・一一七トン）は船に船員がおらず増水した信濃川を漂い始め、下流に停泊していた送り込み船に衝突。九隻を巻き込んでしまう。七隻はその場で大破沈没、二隻は留守居の乗組員を乗せたまま行方知れずとなる。

この時巻き込まれた船は、

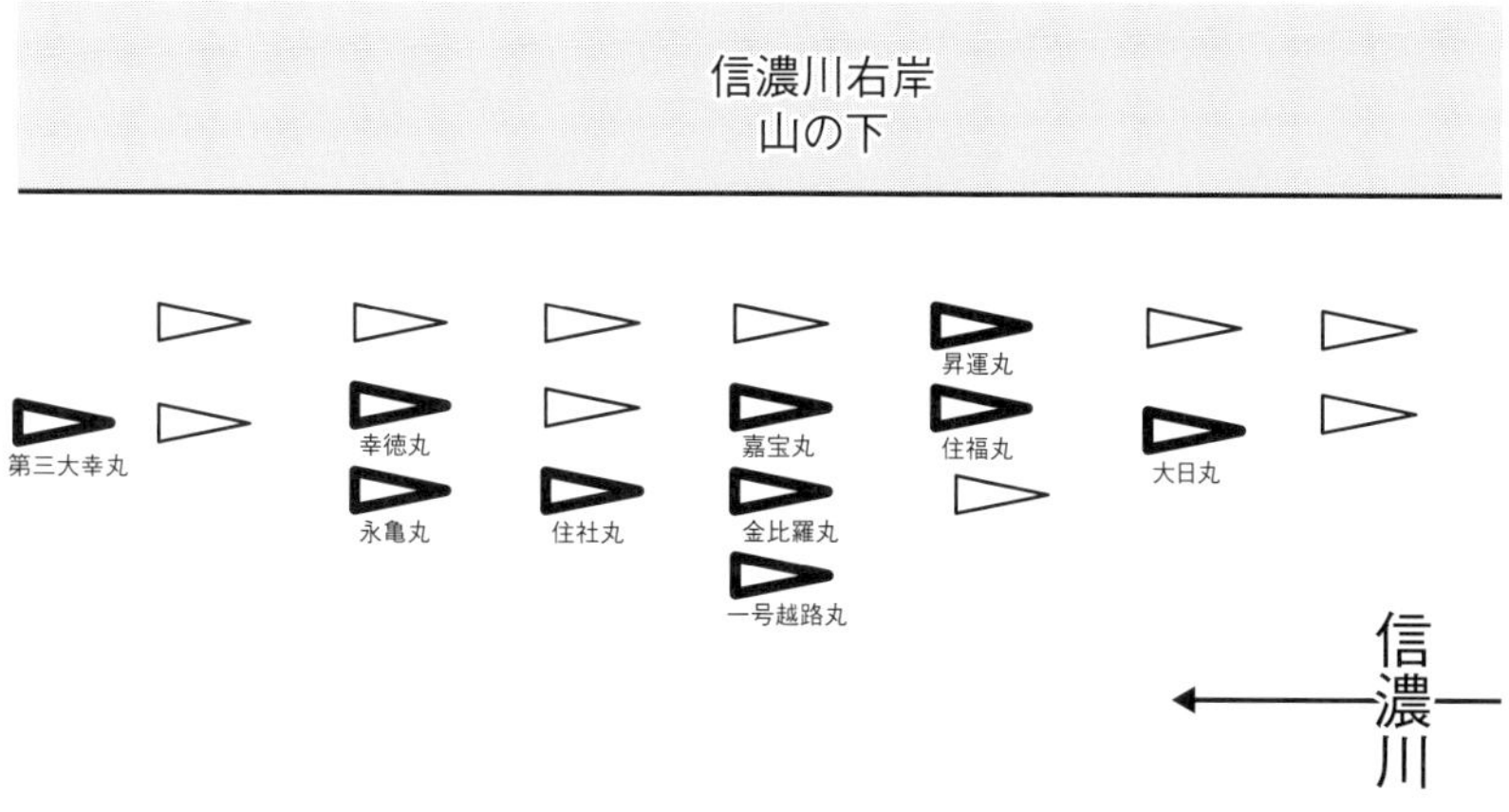

事故当時の船の配置図
「大正六年十月一日朝遭難前各帆船停泊位置見取図」から作成。太枠が遭難した船舶。現在は埋め立てられて埠頭になっているあたり。

金比羅丸（船主　長谷川豊吉・荷主　片桐寅吉）
住福丸（船主　浜崎嘉蔵・荷主　鈴木佐平）
昇運丸（船主　阿部ヤイ・荷主　西脇喜四郎）
第三大幸丸（船主　花房並次郎・荷主　西脇喜四郎）
永亀丸（船主　東洋物産株式会社）
住社丸（船主　花房並次郎）
幸徳丸（同）
嘉宝丸（船主　鈴木佐平）
一号越路丸（船主　田代三吉）
※船主のみの記載は荷主と同一

西脇喜四郎の積み荷を運んだ花房並次郎は、複数の船舶を所有する北洋漁業家で、自身の漁区からの荷はこの時巻き込まれた住社丸と幸徳丸で輸送している。片桐寅吉、鈴木佐平もともに複数船舶を所有していたが、輸送は別の船舶に依存することもあった。長谷川豊吉、阿部ヤイの名は露領水産組合の名簿に出て来ず、北洋漁業家ではない。おそらく持ち船で回漕を営んでいたと思われる。浜崎嘉蔵は露領水産組合員だが、組合に名はあっても自ら漁区を租借せず、浜崎のように船を提供したり、他の漁業家の漁区で現場監督を勤めたりした組合員が複数いた。北洋漁業には、こうした人々も関わっていた。

その場で大破、沈没した船の乗組員は岸から救助に出た艀に助けられ、行方不明となった鈴木佐平所有の嘉宝丸は両津にいた佐渡丸（越佐汽船株式会社）が発見して両津に曳航《えいこう》、田代三吉所有の一号越路丸は網代浜沖で漂流していたところを第一七渡津丸（同）が両津に曳航し、奇跡的に全員無事だった。

信濃川の増水はその後も収まることがなく、明けた二日に曾野木（新潟市江南区）で破堤。あふれ出た水が酒屋、亀田に達し、それでも収まらず信濃川下流の沼垂、入船町付近までを水没させる。後に「曽川切れ」と呼ばれた大水害である。沈没した送り込み船は、荷降ろし前でサケマスを満載していたから、数十万尾のサケマスが信濃川を漂ったはずだが、拾うどころではなかった。

荷主と船主は、大日丸の不注意から起きた事故であるとして田代に賠償を求めたが話はつかず、この年の一一月に田代を相手取り、総額二五万八〇〇〇円余りの損害賠償請求訴訟を起こした。新潟地方裁判所で行われた第一回口頭弁論には、二〇〇人を超える傍聴人が集まったという。田代は全面的に争う姿勢を見せ、和解が成立したのは一九三六（昭和一一）年だった。この時には既に鈴木佐平は代替わりしており、田代三吉は八〇歳になっていた。

一一　新潟市の大正三年

新潟沼垂合併

新潟市と、信濃川を挟んだ対岸の沼垂町が合併したのは一九一四（大正三）年四月一日。六年前の二月に起こった沼垂火災の後、新潟市から出動した「蒸気ポンプ」のお礼に、沼垂町阿倍九二造町長と長谷川裁二助役が吉田良治郎市長を訪れた際に話が出たとされている（『新潟市合併市町村の記録』）。新潟市築港調査委員会では、既にこの前から近代的な埠頭の整備は新潟港対岸の沼垂町でという流れになっていたようで、新潟市側ではこのために沼垂町を吸収合併することが既定路線になっていたようだ。当時、新潟市（信濃川左岸）の川沿いは既に商店や造船所などが並び、埠頭が造れるような土地はなかった。しかし、沼垂町（信濃川右岸）は竜が島に沼垂駅ができて以降開発が進み、製油所や工場などができてはいたが、まだ焼島潟があり、蓮田や果樹畑もあった。

とはいえ、江戸時代から新潟（長岡藩）、沼垂（新発田藩）は幾度も訴訟で争い、港としての役割を新潟（長岡藩）に奪われた歴史がある沼垂町は、感情としては反新潟。駅の立地を巡って、新潟市民から爆破事件まで起こされてからまだ一〇年しかたっておらず、記憶も新しい。沼垂町では合併推進派と反対派に分かれ、集会のボイコットや暴力事件も起きて合併協議がストップ。県知事が間に入って、合併条件を提示したことでようやくまとまった。この条件の中には、新潟と沼垂で異なっていた土地建物の課税方法を数年かけて段階的に統一すること、沼垂町へ新潟市と同等のインフラを早急に整えることなどが含まれていた。

インフラとは、一つには水道を指している。新潟市は一九一〇（明治四三）年に公共水道が整備されたが、沼垂町にはまだ水道がなかった。沿岸部では井戸を掘っても塩水が出てくるため、生活用水は信濃川の流速の速いところまで船で行って汲《く》み、そのまま船で水を売る「水売り」が商売として成り立っていた。衛生状態は決して良好ではなく、このため度々コレラなど伝染病が発生した。新潟市はこれを抜本的に解決するため、砂丘上の旭町に南山配水場を建設。これが後の日本海タワーとなる。沼垂町では適当な取水場所がなく、萬代橋経由で南山配水場からの配水を願っていた。

合併に先立って新潟新聞（三月一一日付）には安藤謙介知事、吉田良治郎市長のコメントが出された。知事いわく、新潟が開港場に選ばれたのは「南玄関」（＝横浜）に対する「帝都の北玄関」として配置するためであったはずが、新潟港が旧態依然の姿で年々出入り船舶数が減少し、

今や全く開港場として他に比肩すべき資質を失い政府当初の目的を閑却し南玄関たる横浜港との連絡を断絶するに到《いた》らんとす

から合併して、港と倉庫や工場を整備しなければならない。

そして市長は、開港場としての実質を備えて国益、県市の利益のために、

時勢の進歩と地利の関係より打算し、今において市町の合併するは実にやむを得ざる

ことであるという。両人とも、見事に港のことしか言っていない。既に開港五港は過去の話で、新潟の開港が決まったのは「帝都」が存在する前だ。そして北玄関の役割はこの頃敦賀港にさらわれている。両名のコメントは港のためなら何でも差し出すと言わんばかりの勢いだが、これが新潟、沼垂合併に対する談話である。

合併祝賀会は白山公園を主会場に行われ、当時まだ珍しかった自転車パレードが行われた。新潟市にこの時、自動車はまだない。合併時の人口は、七万二九五八人だった。

活動写真の登場

新潟市と沼垂町の合併祝賀会が行われた四月一日、新潟市に初めての活動写真館が開館した。映像は動くが映画と違って音声がないため、「弁士」と呼ばれた語り手がその場で物語を語り聞かせるもので、新潟市では寄席に変わる新しい娯楽として人気を博した。四月一日に開館したのは大竹座(古町八番町)。同月に六番町で電気館、六月には西厩島でこんぴら館が相次いで開館し、この年一気に三館の活動写真館ができる。

大竹座は活動写真館の中では最も大きかったが、のみならず新潟市内の建物の中でも有数の大きさだったようだ。一九二〇(大正九)年に、新潟市で天然痘が発生した際に市は種痘所を開設したが、会場になったのが大竹座だった。

大火で市街のほとんどが燃え落ちてから六年、市役所や警察署、師範学校などが洋風建築に変わって落ち着きを取り戻し、新潟沼垂合併と大祝賀会にパレード、活動写真館の開館。七月には第一次世界大戦が始まるが、日清戦争、日露戦争で勝利の記憶がある人々にとっては暗い話ではなく、八月に日本が参戦するとドイツ領の青島、南洋諸島をまたたくまに占領して勝利に沸いた。そして一〇月には宿願であった築港が決定される。一一月には岩越線(いまの磐越西線)が全通し、郡山から東北本線経由が新潟と東京を結ぶ最も近い路線になった。新潟市民にとって大正三年は、新しい時代の到来を感じさせる年だった。

築港計画

新潟市築港調査委員会が、築港意見書を新潟市長に提出したのは合併の翌月。予算書、工事計画書も同時に提出されているので、合併がまとまるかなり前から準備されたものだった。内容は二つの埠頭の整備と右岸の埋め立てで、計画はその年一〇月の市議会にかけられ、満場一致で可決。事業費は市の予算額の八倍にのぼる二一三万円で、市税から三二万円、国県補助で八二万円を見込み、足りない分は市債発行で賄う計画で一〇〇万円の募集を開始している。新潟市の二〇一八年の一般会計予算はおよそ三八〇〇億円。八倍すれば三兆四〇〇億円。当時の新潟市は、これほどの規模の事業を行う計画だった。

明治前半から港の整備を国に求め続けてきたにもかかわらず、新潟港は敦賀港などの後塵《こうじん》を拝してきた。やむにやまれぬ思いなのか、築港さえすればそこから上がる収益で賄えると踏んだのか。関係者の本心がどこにあったのかは定かではないが、少なくとも市債の償還は、大河津分水路建設に伴って生まれる埋め立て地の売却や賃貸などで捻出できると当て込んでいた。

明治末に工事が始まった大河津分水路が通水すると、信濃川下流の流水量が減るために、川幅を狭くして流速を保つ必要があった。新潟市の悲願であった築港は、当時「東洋一の大工事」といわれ、新潟県では空前絶後の大土木工事である大河津分水路と同時期に工事が行われていた。実際に竣工するのは一九二九（昭和四）年になってしまうが、この時の計画には、現在の昭和大橋付近から埠頭までの右岸を埋め立てる工事が含まれている。これにより萬代橋付近の川幅は、およそ七〇〇メートルから二七〇メートルとなる。

しかし築港は、新潟市で行うには大きすぎる事業だった。埋め立て工事に至る以前に続行困難となり、一九二〇（大正九）年の市議会で県営移管を決定。一切の権利義務を放棄し、県に築港続行を託した。これは既に募集した市債の償還財源である、埋め立て地の権利を放棄することであり、これ以降新潟市は長らく財政難にあえぐこととなった。市債だけでも予算の四倍あったのだ。

この工事を請け負ったのは、一九二七（昭和二）年に着工した現萬代橋と同じく内務省で、県営移

管直前に工事副主任だった技師大島太郎は、

当時の新潟市は、その財政規模から見て、巨額を要する築港工事等は不可能であることは十分承知していた。港を生命線と考え、その築港のためにはいかなる犠牲もいとわぬと悲壮な決意の下に、市債を発行して工事に着手したものであったが、やはり築港に要する経費の負担はあまりにも大きく、ついに堪えかねる羽目に陥り、一切の権利義務を新潟県に譲渡することとなった。（『新潟市合併市町村の歴史　三』）

と語っている。

この時埋め立てられて新たにできた土地は広大で、信濃川左岸の白山公園に隣接する土地には、それまで市域が狭く用地がなくて建てられなかった新潟市初の公会堂が建設された。右岸にはさらに広大な埋め立て地ができ、現在新潟市で最も地価の高いエリアの一つである万代地区もこの時誕生した。新潟市の都市としての重要な部分は、大河津分水路のおかげで生まれたということになる。ただし万代地区の開発はこの後太平洋戦争、占領期、一九六四（昭和三九）年の新潟地震を経た後のことで、この時点では、埋め立て地の万代地区が市街中心部となり、旧来の新潟市である信濃川左岸より地価が高くなるという予想も構想もない。新潟市の当時の計画は、下流の港周辺の山の下は工場地帯、それより上流は宅地という、港以外は潔いほどざっくりしたものだった。

一二　ロシア革命と北洋漁業

シベリア出兵

工事費がかさんで、築港工事を県に移管せざるを得なくなった原因の一つは、第一次世界大戦だった。ヨーロッパの工業生産力が落ちたことで需要がアメリカや日本に集まり、好景気が到来した一方、資材価格が高騰したためだ。遠い国の出来事のはずの第一次世界大戦は、新潟にさまざまな影を落としてゆく。

第一次世界大戦は、オーストリア＝ハンガリー帝国、ドイツ、オスマン帝国など同盟国と、イギリス、フランス、ロシアを中心とする連合国との戦いが軸となった戦争で、日本は日露戦争前にイギリスと結んだ日英同盟を理由に連合国側として参戦している。特に戦闘が激しかったのが、フランスとドイツの間にあった西部戦線と、ロシアとドイツの間にあった東部戦線だった。ほとんど無傷でドイツ植民地を占領した日本は、戦線の遙か後方極東からロシアを支援し、この頃が歴史上最もロシアと親密な時期だった。

ところが、一九一七（大正六）年三月にロシア国内ではロシア革命が始まり、その月のうちにニコライ二世が退位。臨時政府は大戦継続を宣言したため、日本を含む連合国側はすぐに臨時政府を承認したが、一一月にはレーニンらによってその臨時政府が倒されてしまう。レーニンは全交戦国に即時講和を提案するが、連合国側はこれを無視する。ロシアが抜ければ連合国は、ドイツとは挟み撃ちから正面対決になってしまうからだ。イギリス、フランスにとっては、これは避けたい事態だった。ところがレーニンの革命政府はドイツに単独講和を申し入れ、結局東部戦線は解けてしまった。そこでフランス、イギリスは、日本とアメリカにシベリア出兵を打診。革命政府の牽制《けんせい》と東部戦線の立て直しを狙ってのことだった。

アメリカは、要請のない国への出兵は敵対行為でしかないとこれを拒否する。日本もアメリカと同調して拒否はしたが、近い分だけアメリカよりも複雑だ。韓国を一九一〇（明治四三）年に併合しており、日露戦争で獲得した樺太南半分との二カ所でロシアは国境を接する隣国だったし、日露戦争で獲得した利権も守らなくてはならない。権益を守るだけでなく、この機会に拡大をという声も出てくる。アメリカの拒否の裏には、大陸での日本の権益拡大を牽制する狙いもあった。

北洋漁業家にとっては、ロシア革命は頭の痛い問題だった。ロシア領でロシア人と同等の漁業権が今後も保証されるのか、毎年の漁区の入札がきちんと行われるのか、出漁中の安全が保証されるのか、先行きが見えない。しかも、日露漁業協約満期が目前に迫っていた。

ロシア革命が始まった年の北洋漁業従事者はおよそ一万五〇〇〇人、売上高は一〇〇〇万円。この年の日本の歳入の一パーセントに上る金額で、現在の価値にすると一兆円産業に育っていた。政府にとってその金額以上に重要だったのは、大きな犠牲を払った日露戦争で獲得した権益であり、国境の際で繰り広げられる自国産業であったことだ。この頃、国境線は今ほど確かなものではなく、国境際に守るべき自国民と産業のあることは何かと便利だった。ここから、北洋漁業家と日本政府、軍部は以前に増して接近してゆく。

一度は拒否したシベリア出兵は、その後「チェコ軍救出」という名目で、イギリスとフランスから再び打診される。チェコ軍とは、ロシアに運ばれたチェコ、スロヴァキア、いずれも当時オーストリア＝ハンガリー帝国に併合されていた国々の捕虜から編成された四万人近い規模の軍隊。ロシアとともに戦うことで、祖国の独立を勝ち取ろうとしていた。ところがロシアがドイツ、次いでオーストリア＝ハンガリー帝国と講和してしまったため、居場所を失う。緊張状態の中でロシアを移送中トラブルとなる。ロシアから武装解除を命じられるが、これを拒否して蜂起し、シベリア鉄道沿いの都市を占領してしまった。ロシア国内ではレーニンの政権が国を統一したわけではない。共産主義の「赤軍」とこれに対する「白軍」に分かれ、広大な国土で複数の政権が立ち内戦状態となっていたため、チェコ軍の安全な移送を一任できる状態ではなかった。

日本政府は一九一八（大正七）年八月二日、当面一万二〇〇〇人の範囲でウラジオストクへの兵士派遣を宣言する。実はこの年の一月に、ウラジオストク領事館からの要請で、日本は陸戦艦「石見」「朝日」を派遣していた。前年一一月にソヴィエト政権（＝赤軍）がウラジオストク市街の掌握を宣言し、治安が悪化していたためだった。この時期、イギリス、アメリカも自国人保護のため軍艦を派遣している。姿を見せるだけで上陸はしていなかったが、四月にウラジオストクの日本人貿易商石戸商会が何者かに襲撃されると、居留民保護を名目に日本は単独で五〇〇人余りの兵を上陸させている。

旧堤商会
新潟から箱館に拠点を移した後、大正時代に建てられた堤商会。函館市弁天町

そのような前哨戦があっての派兵で、結局日本は一〇月までに七万人の兵を派遣。連合国の中では突出した兵員数で、連合国側にとっては、もはや火種以外の何ものでもなくなっていた。ちなみに、現在では石戸商会襲撃は日本軍による謀略だったことが定説となっている。

日本がウラジオストクに兵を上陸させた年、沿海州西南部の複数の漁区が焼き討ちされた。この中には関矢儀八郎の漁区も含まれており、関矢は船を焼失している。第一次世界大戦とロシア革命は、日露戦争後にようやく安定した北洋漁業を、再び混乱に陥れた。

北洋漁業の企業化

露領水産組合が設立された一九〇九（明治四二）年の組合員は、東洋物産株式会社や新潟遠洋漁業株式会社が目立つほどで、ほとんどが個人事業主だったが、それから数年で企業化が進み、規模も大きくなってきていた。堤清六と平塚常次郎は堤商会を設立し、一九一一（明治四四）年にヨーロッパ輸出を目指して缶詰製造を開始する。北洋漁業家の間では、明治三〇年代から缶詰製造に着手されていたが、これまで軌道に乗った例がなかった。堤が開始したのと同じ年には高橋助七が、翌年には立川甚五郎も缶詰生産を始めるが、いずれも短期で終了している。

網に必ず交ざってくる紅鮭は、当時の日本では肉の赤いことが気味悪がられて売り物にならなかった。逆に紅鮭の方が喜ばれるヨーロッパ向けに販売しようとすると、塩蔵では売れない。そこで、缶詰に加工して売り込もうというのは長年の懸案で、組合でも製造試験を行っていた。堤商会は缶詰の製造とイギリスへの輸出を軌道に乗せ、企業規模を急拡大する。堤商会は缶詰製造を成功させた翌年、本拠地を新潟から函館に移した。

明治末から大正の初めにかけては、三菱系の北洋漁業株式会社、明治漁業株式会社、日魯漁業株式会社など資本力のある企業が北洋漁業に参入してきた。日魯漁業は後に企業合併によって堤清六が社長に就任するが、この頃はまだ堤とは関係がない。創業者は山口県出身の田村市郎で、下関を拠点にトロール漁業で成功し、北洋に進出するのを機に一九一四（大正三）年に社名を日魯漁業とした。本

田村市郎

一八六六―一九五一。久原庄三郎次男として山口県に生まれる。父は関西を拠点とした藤田財閥総帥、藤田伝三郎の実兄。田村は母方を継いで漁業・水産加工の田村商店を設立。ニコラエフスク、朝鮮などで操業。一九〇八（明治四一）年、国産初の鋼鉄製トロール船「第一丸」（一九九トン）を建造。大正に入ると母船式カニ漁に着手した。

体のトロール漁業は後に日本水産と改称、ニッスイの前身である。また、小熊幸一郎は富山県出身の袴信一郎らと合同してカムチャツカ漁業株式会社を設立している。

この後、日魯漁業は大阪の事業家島徳三に売却され、一九二〇（大正九）年に三井物産の出資のもと、小熊のカムチャツカ漁業株式会社、堤の輸出食品株式会社が合同し、堤は翌年取締役会長に就任する。ここで日魯漁業には三菱、三井の大企業が参入したことになる。本社を函館から東京に移転し、戦前に建築された日本最大のビルである丸の内ビルディングが竣工すると、ここに本社を置いた。

資本力のある企業の参入、企業合同は、日露漁業協約によって北洋漁業が先を見込める産業となって、大型船の導入や缶詰製造の導入が始まり、資本力が必要となってきたこと、同時にロシア革命とシベリア出兵により投下資本が回収できなくなる危険性が出てきて、政府、軍部と連携をより強める必要があったことが背景にある。

新潟では、東洋物産株式会社が一九〇九（明治四二）年に汽船鎮西丸（三二八・二八トン）を導入したのが汽船導入の最初で、その後片桐寅吉はチョイサン丸を、鈴木佐平は機帆船千代丸を導入してゆくが、缶詰製造は高橋助七と立川甚五郎が撤退して以降参入はない。函館では大きな動きとなった大正半ばまでの企業合同に参加することなく、独立独歩の道を歩む。この間、新潟の漁業家は健在だったが、他県から新潟港に入っていた多くの北洋船は拠点を函館に移していった。

漁業協約改定と尼港事件

ロシアでは、レーニン率いるモスクワのソヴィエト政府と、ロシア中央部オムスクを拠点にしてシベリアを掌握していたコルチャーク政権、その他複数の勢力が割拠し、大きくはレーニンのボリシェヴィキ（多数派）＝赤軍と反革命勢力＝白軍に分かれ、赤軍内、白軍内でも勢力争いを繰り広げていた。シベリア出兵が行われた一九一八（大正七）年から三年間の漁区競売は、毎年異なる政権の下でなんとか実施され、焼き討ち事件などに見舞われながらも北洋漁業家たちは出漁を続けてきた。漁業協約の更新が予定されていた一九一九（大正八）年は、その年の競売を実施したコルチャーク政権と日本

樺太知取町で養狐業を営むマルトフ一家。
右端が二代鈴木佐平（貫一郎）

政府の間で、改正実施までは日露漁業協約の効力が持続することを確認している。

この間一九一八（大正七）年の一一月には、第一次世界大戦は休戦協定によって終結している。シベリア出兵を二万人規模に減らしていた日本軍はこの頃何をしていたかといえば、赤軍勢力を排斥するため単独、あるいはロシアの反革命勢力と共同して軍事作戦を展開していた。シベリア出兵は、兵を送り込んだだけではなく、戦争をしていた。

ところが反革命勢力のコルチャーク政権がまもなく崩壊し、極東地域に赤軍の勢力が拡大する。一九二〇（大正九）年からはウラジオストクやニコラエフスクなど、日本人居留民が多く北洋漁業の拠点でもあった町には日本兵が駐留していたが、周囲は赤軍勢力下になっていった。こうした中、ニコラエフスクで起きたパルチザンによる略奪、そして数千人規模の住民虐殺が発生したのが尼港《にこう》事件だ。殺されたうち日本人は、領事一家、日本軍守備隊も含め七〇〇名を超えたとみられている。

この報が日本に伝わると世論は沸騰し、日本政府は七月にロシア領である樺太島北半分の「保障占領」を決定する。日本人居留民の安全を託すことのできる政権が確立されるまで、という条件だ。

露領水産組合はこの年、越冬自衛団を結成し一八八名を派遣。このうち一三名が病死している。日本軍の出動、樺太島の占領は好都合だったが、毎年の漁区競売は、その時ウラジオストクを掌握していた勢力の下で行われるという心もとない状況だった。そこで組合は、競売自体をロシアではなく日本政府が行い、漁期に軍艦の巡航を求める請願書を日本政府に提出。これが組合の請願通り実施され、「自衛出漁」あるいは「自治出漁」と呼ばれた。一九二一（大正一〇）年から始まり、ソヴィエト連邦政府が成立した後まで三年間続いた。日本側から見れば企業努力、ロシア側から見れば火事場泥棒である。

こうした状況の下、北洋漁業家の企業化が進んでいったわけだが、自衛出漁中の一九二二（大正一一）は記録的豊漁となり、サケマス九九〇〇万尾とカニ七二九万尾、金額では六年前からは三倍して三一〇〇万円に上がった。

ちなみに、この頃反革命派は「白系ロシア人」と呼ばれ、多くがシベリア極東地域に集まっていた。

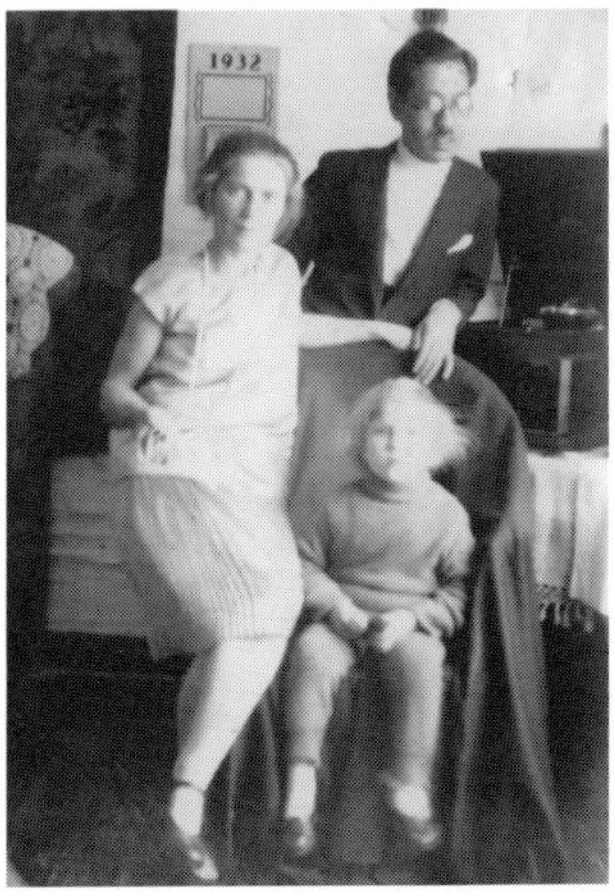

出口民人と妻アントニーナ、娘ワーリヤ
２代鈴木佐平が南樺太で撮影した友人家族。背後に写ったカレンダーは1932年。アントニーナは白軍兵士だったマルトフ兄弟の妹で、この頃は一家そろって当時日本領だった南樺太に移住していた。

赤軍が支配地域を拡大しソヴィエト連邦政府が樹立される過程で、一部の白系ロシア人は日本に亡命している。チョコレートのモロゾフ、ゴンチャロフは白系ロシア人による創業だ。鈴木佐平はこの頃自ら樺太の漁区に足を運んでいたが、自身で撮影したスナップには日本領だった樺太南部へ移住した白系ロシア人の友人が写っている。

一三　開港五〇年の新潟

「互救会」と積善疑獄

日本がシベリア出兵を行った年の七月、富山で始まった米騒動は、その後全国に広がっていった。八月に入ると水野錬太郎内務大臣は全国の新聞社に対し「各地暴動の記事を一切掲載せざること」を求めたため、新潟における騒動の報道は、以降曖昧模糊《もこ》としている。八月一二日には市内米穀商の自宅の塀に「願随寺の鐘を六点鳴らすとともに市民は直ちに集まり来たれ」という張り紙が発見される。願随寺は船員が団体交渉のために集まった寺だ。そして八月一七日の夜、白山公園に納涼で集まっていた人々が投石をしながら市街を移動。記事では、古町方面に向かったとしながら「本社の確聞するところによれば上大川前方面なり」（『新潟新聞』）と書いた。当時の読者であれば、上大川前と言えば行き先は米穀商だと分かったはずだ。この時七名が逮捕され、警察署は翌一八日の盆踊りを禁止した。長岡では焼き討ちが起こっているが、市内には治安維持のために新発田から歩兵第十六連隊が出動していたこともあり、大きな騒動には至らなかった。

新潟市ではこの騒擾《そうじょう》を抑えるために「互救会」が結成され、寄付を募って輸入した外米を生活困窮者に廉価販売するとともに、新潟港からの米の積み出しに県の承認を得るよう申し合わせが行われる。江戸時代の「石留め」同様、米を外へ出さないようにして、米価を沈静化させるという対策だ。

名古屋紡績株式会社

一九一八（大正七）年設立され、一時は千人を超える職工が働いていた。一九三七（昭和一二）年に日東紡績と合併し、現在も日東紡績新潟工場として操業。

社団法人積善組合

毎日五厘ずつ積み立てて五年満期で三〇円を払い戻すとともに、慈善事業も行う団体で当時優良組合として新潟県内外で広く信頼を集めていた。

ところが、港の仕事で暮らしが回っている新潟では、米の積み出しがなくなったことで人夫が困窮してしまった。日露戦争前後で新潟市には石油産業の工場建設が進み、この年には名古屋紡績株式会社が進出して新潟市では最大の雇用の場となるが、港への依存も依然大きかった。

新潟市の米価は、前年の曽川切れで田んぼが泥に埋まり、作付けがままならなかったことで収量が落ちており、一九一九（大正八）年にはさらに高騰している。そして、この年の一月には現職市長の桜井市作が横領容疑で逮捕される。一二年前にようやく着工した築港工事が、予算不足で継続が困難になってきたところでの大事件だった。

桜井は沼垂停車場問題の際の爆弾事件の首謀者の一人で、露領水産組合新潟支部の事務所が置かれていた東洋物産株式会社社長のほか瓦斯《ガス》会社など、多くの企業の設立に関わっていた。容疑は一八九九（明治三二）年に設立した社団法人積善組合で、桜井ほか複数名が積立金の私的流用を行っていたことだった。桜井は一月に辞任。これが開港五〇年の時に当たる。九月に後任の渡辺兼二が市長に就任するまで、半年以上の空白期間が続いた。

渡辺市長就任二年目は尼港事件が起きた年で、ニコラエフスクが赤軍に包囲されていた頃、新潟市では天然痘の感染者が見つかり、市民を恐怖に陥れている。そして九月に入ると米価が暴落。関屋、沼垂を合併したとはいえ、農地も農業従事者も少ない新潟市では、暴落によって市民の暮らしは一息つけたが、今度は周辺の農村部が困窮し、新潟市への人口流入として現れてくる。新潟芸妓《げいぎ》も売春婦も、昭和初期まで増加が続いている。一一月には、築港工事の継続が不可能として県に移管することを決定。この時、年間予算の四倍の額を集めた市債の償還財源を失った。

新潟築港

大洪水、米騒動に現職市長の疑獄事件、次いで米価の暴落、東京では関東大震災が起こるなど騒々しく過ぎていったこの間、大河津分水路の大工事と新潟築港工事は粛々と進められていた。大河津分水路は一九二二（大正一一）年に通水し、新潟港は一九二六（大正一五・昭和元）年に竣工。信濃川右岸に建設された二つの埠頭へは、四月一一日第二錦旗丸が第一船として着岸。積み荷は硫酸アンモニウムだった。六月一四日から七月二〇日にかけては、白山公園ほかで築港博覧会が開催されて多くの市民で賑わい、続いて八月三〇日には海軍第一艦隊がやってきた。旗艦は戦艦陸奥（米内光政艦長）、排水量は三万九〇〇〇トン、全長およそ二二五メートル。築港したとはいえ、当然ながら河口に入ることは不可能なので、陸奥をはじめとして艦隊九隻は沖に停泊した。この時は艦内見学が許可されたため、浜からたくさんの艀が出され、艦隊まで人々を渡した。

竣工を機に、またもウラジオストク定期便開設に向け、商業会議所が中心となって運動を開始している。一九〇七（明治四〇）年に、県の補助で開設されたウラジオストク直航便は、第一次大戦が始まる前に終了していた。竣工前年の新潟新聞には、定期航路開設に関して次のような記事が掲載されている。

　現在の新潟港は貿易額も微々たるもので外国船の出入りも一ヶ月わずかに汽船五、六隻、帆船一、二隻に過ぎない。商品としてもほとんど見るべきものはなく、輸出品はただカムチャツカ方面へ遠洋漁業に出る船が必要品として持ち出すくらいなもので、輸入品では大豆かすを主としてこれに木材が少し入るくらいで港としては他港に比して全くお話にならぬ。対露貿易が盛んに行われたならば、物資の集散地としての新潟は将来大いに見るべきものがあると同時に五港の一の名に恥じず日本海唯一の対外貿易港として敦賀港に次ぐ港となるはずである（新潟新聞、一九二五年七月八日）

この時、新潟港は既に日本海唯一の対外貿易港ではなかったし、敦賀港は日本海側の港なので、文章は少々おかしい。敦賀港はロシアからの直航便で栄えたが、その後のウラジオストクが自由港制を廃し、続く内戦とソ連の建国によって事情は変わっていく。ちなみに、日本とソ連の間に国交が樹立されたのがこの年だ。

この定期便は一九二六（大正一五・昭和元）年五月に第一便が到着。川崎汽船（神戸市）の配船で、直航では採算が取れないとして夷（佐渡）、船川（秋田）、青森、函館、小樽を回漕し年二〇回の就航という予定で、県に三万円の補助を申請している。しかし結局、これが小樽起点に変更されて、新潟は七尾、伏木、船川、青森、函館とともに回漕地の一つになり、ウラジオストクと一回りでおよそ二週間、新潟―ウラジオストク間は一週間かかる、使い勝手の悪い航路となってしまった。第一船の出航を新潟新聞は伝えているが「貨物は一個もなくわずかに小樽方面へ抜けて米、雑貨が多少ある」というものだった。

とはいえ、この頃になると新潟市は石油産業が伸び、北越製紙も工場を進出し、輸出入のほとんどが北洋漁業関係という状況は脱しつつあった。一九一〇（明治四三）年に韓国を併合し、日露戦争で得た日本の権益は開発が進められて、その成果を出し始めていた。新潟での対岸航路開設運動は、これまでウラジオストク一辺倒だったものが、朝鮮や満州航路へと射程を広げてゆく。

一四　北洋漁業の終わり

日ソ漁業条約

国交樹立のあと始まった漁業協約の改訂は、およそ二年の協議を経て一九二七（昭和二）年に、ようやく仮調印にこぎつけた。日露漁業協約の満期からは、既に八年が経過していた。ポーツマス条約の継承が確認されたことで、日本の漁業権益はこれまでと同等とされたが、問題は相手国がロシア帝国からソ連へ、帝政国家から社会主義国へ変わったことだった。ソ連政府は、建国後新たに生まれた国営企業や協同組合に対し、競売によらない優先漁区を確保しようとした。これを認めることは日露漁業協約で得た「同等の権利」が継承されないことになるため、日本側からは許容できない。結果的に、国営企業は競売には参加せず、漁獲の二割までをソ連が競売によらず取得できること、これを超える分は両国の同意が必要であるというところで妥協された。漁区にはそれぞれ、過去の実績から産出される標準漁獲高が設定されており、競売価格設定の基になっている。二割というのは、標準漁獲高総計の二割に相当する漁区ということ。当時日本人漁業家と日本企業が、およそ八割を漁獲していたことが根拠となった妥協点だった。

調印後の最初のシーズンとなる一九二九（昭和四）年一月、ソヴィエトは競売に付さない国営漁区を通告したが、この中には日魯漁業の優良漁区一八カ所が含まれていた。ソヴィエト側からすれば、競売に付さない国営漁区は二割の範囲で決定できるし、早急に二割を達成するには漁獲量の多い優良漁区から獲得した方が効率が良い。日本側から見れば、日本人現有漁区がソ連の国営漁区に転換されては、当時缶詰工場など設備等も大きくなっていた北洋漁業で、安定的な経営は不可能になってしまう。

これに対して露領水産組合は、シベリア出兵中に行った「自由出漁」敢行をちらつかせながら、競売をボイコットする。国交が樹立された国に対する自由出漁は、日本政府にとっても許容できることではなかったが、北洋漁業という一大産業を牛耳る露領水産組合は、圧力団体として大きな力を持っていた。

日本側の抗議によって一部が競売漁区に返還され、この年二回目の競売が行われる。そこで起こったのが「宇田事件（＝島徳事件）」だ。日魯漁業が持っていた漁区を、元日魯社員の宇田貫一郎が従来の四倍ほどの高値で落札してしまった。日魯漁業はこれによって株価が暴落、一気に企業存続の危機に陥った。当時、日魯漁業とグループ企業は日本の北洋漁業の半分を漁獲し、イギリス向け輸出では繊維に次ぐ二番目のシェアを占めていた缶詰生産のほぼ全部を占めていた。日魯の危機はすなわち、日本の危機でもあった。

莫大《ばくだい》な資金が動いた宇田事件の裏には、日ソ両国の政財界のさまざまな思惑が絡んでいたが、最終的には宇田獲得漁区は日魯が買い取り、堤清六が責任を取って露領水産組合長、日魯会長を辞任することで落ち着いた。堤はそれから二年後に五一歳で亡くなっている。

ところで、堤の日魯漁業で働いていた社員の中から、戦後新潟県知事が二人も出ている。一人は民選知事として二代目の北村一男。大学卒業後、すぐに日魯に入社してカムチャツカへ赴いていた。もう一人は堤の実弟でもある亘四郎。兄とは親子ほど年が離れており、アメリカ留学を経て堤が会長を務めていた時に日魯漁業に入社した。戦後、新潟県の民選知事は、岡田正平から花角英世までわずか一〇人しか出ていないが、その中に日魯出身者が二名いるというのは不思議な縁である。

国を巻き込んだ宇田事件の間、新潟の漁業家の消息はあまり明らかではない。資本増強のための合同に背を向け、独立独歩の経営を貫いたことで、北洋漁業の主流からは外れており、露領水産組合富山支部と同様に日魯漁業とは利害が一致していなかった。新潟市では、三代目萬代橋の建設が進められていた頃のことである。協約仮調印の一九二七（昭和二）年の出漁は一四漁業家、正式調印の一九二八（昭和三）年は一二漁業家が出漁している。最盛期の明治末には二〇〇〇万尾を超えたが、両年とも漁獲はその半分に満たなかった。大正期前半には、田代三吉を超えて最大の漁獲数を誇っていた東洋物産株式会社は、積善疑獄からの再建がかなわず消滅している。

ちなみに、宇田事件に関係した中には、かつて露領水産組合新潟支部組合員だった人物が一人含まれていた。組合設立時には、新潟支部から本部の評議員にも選ばれていた児島侃二。競売が開かれたウラジオストクへ赴き、宇田獲得漁区の入札価格を仕切っていた。児島は、大正半ばには露領水産組合新潟支部の組合員ではなくなっており、この時は既に漁業家ではない。宇田事件の真相を面白おかしく伝えている当時の雑誌には、宇田一派から仕事を依頼された後、旧知の日魯漁業・平塚常次郎の自宅を訪ねて陰謀を打ち明けたとされている。この時平塚はこの話を信じず、一笑に付したという（大阪時事新報、一九二九年四月二三日）。

国家対個人から国家対国家へ

宇田事件とその顛末《てんまつ》は、租借料の高騰を招き、露領水産組合内の利害の不一致と調整力の限界を露呈させた。加えてソ連側の個人・企業が次々と高額で漁区を落札し、租借料はますます高騰してゆく。北洋漁業は、資本力のない個人漁業家が参入できる産業ではなくなってきた。ソ連側の個人・企業は、果たしてどこまで個人・私企業と言えるのか定かではなく、個々の日本人漁業家が、それぞれソ連という国家と相対して競争するような図式になってしまっていた。

これに加えて一九三〇（昭和五）年一二月、ソ連は日本資本の朝鮮銀行ウラジオストク支店に閉鎖命令を出す。朝鮮銀行ウラジオストク支店は、ロシア通貨との為替交換を行っており、日本人漁業家はここからルーブルを調達していた。ソヴィエトは一ルーブル＝一円を公定価格として為替相場を禁止していたが、朝鮮銀行ウラジオストク支店では一ルーブルを二五銭ほどで交換しており、ここが利用できなくなると、円ベースでは租借料がいきなり四倍に跳ね上がってしまう。

ロシア革命後の内戦とシベリア出兵によって出漁の危険が増したこと、船舶の大型化や缶詰製造などにより、資本力が重要視されるようになっていたことで、北洋漁業家の合同、企業化は漁業条約締結前から進んでいたが、これをさらに一段進めて大合同を図り、北洋漁業を国家対国家の図式に変えなくては、ソヴィエトに対抗はできないという機運が急速に高まった。

この調整が進行していた一九三〇（昭和五）年の日本人漁場租借者が四一名、租借漁区数が三一八。このうち新潟は田代三吉、野口一三郎（一〇漁区）、片桐寅吉、濱田庄平（五漁区）、花房並次郎、大串長次郎（四漁区）、鈴木佐平、鹿取久治良（三漁区）、高橋喜六（二漁区）という顔ぶれ。人数では函館、富山と拮抗していたが、函館では企業化が進み租借漁区数は新潟、富山より五～六割上回っていた。ちなみに高橋喜六は、高助合資会社が直江津に新会社を設立した際社長に就任した人物で、高橋助七の弟であり、この頃は高橋助七ではなく高橋喜六の名で操業していた。

合同案は最終的に、日魯漁業以外の漁業家をまず一社にまとめ、その後、日魯に合併させるという形を取ることで決着。漁業家は、これに参加する際設備類を現物出資して合同会社の株主となる代わりに、個人での出漁はできなくなる。新潟支部、富山支部は、それでは地域産業に与える影響が大きいとして反対するが、参加しなくても衰退することは目に見えており、結局ほとんどの漁業家はこれに参加することになった。合同新会社の、その名も北洋合同漁業会社の発足は一九三二（昭和七）年

高橋喜六

？―一九四八。高橋助七の弟で、直江津商工会議所会頭を務める。上越通運社長、直江津港湾運送取締役。

新潟臨港株式会社
一九二〇（大正九）年設立、資本金一〇〇万円。

片桐家に残されている
ロシア紙幣

三月。明治二〇年代から歴史を重ねてきた新潟の北洋漁業は、事実上この時で幕を下ろした。

新潟港の昭和

北洋漁業家の合同により、送り込み船が新潟から出航しなくなった一九三二（昭和七）年七月の新聞には、「新潟港の上半期　輸出は激減」（新潟毎日新聞、一九三二年七月二日）という記事が掲載された。輸出額は前年同期に三一万六〇二円あったのが六七九九円と、五分の一近くまで減少。送り込み船には漁区での食料、漁具その他一切を積み出し、これが新潟港からの輸出として計上されていた。築港前後から工業生産額が伸び、新潟港の輸入は大きく増えていたが、この頃でも輸出の大部分を北洋漁業が担っていたことが改めて明らかになった。

萬代橋は昭和恐慌下の一九二九（昭和四）年に竣工し、大河津分水路完成による信濃川埋め立て工事が始まっており、新潟港では県営埠頭に並んで臨港埠頭が竣工している。いまのリンコーコーポレーションである新潟臨港株式会社は、日露戦争中に設立された牧畜と牛乳販売を行う新潟健康舎が改組した企業だ。港近くの河渡で、国有地の払い下げを受けたのを機に倉庫業に進出。焼島潟を干拓して私企業として埠頭を整備し、県営埠頭と機能を棲《す》み分けして一体として新潟港を形成した。

北洋漁業が大合同した年の三月は満州国が建国され、国内では首相の犬養毅らが海軍軍人らに暗殺される五・一五事件が発生。農村不況を背景とし、軍部が政治を動かしてゆく始まりの年でもあった。築港直後のウラジオストク航路開設運動に挫折した新潟財界は、ここから満州・北朝鮮航路開設運動に傾注してゆく。

満州と日本の間は、一九二八（昭和三）年に敦賀との間で月三回の定期航路が開設され、新潟では一九三一（昭和六）年一二月に県の命令航路として発足。年が明けると、国の命令航路として朝鮮の羅津―伏木間が開かれる話が持ち上がり、新潟商工会議所（一九二八年法改正により商業会議所から改組）と県は、この命令航路を新潟に誘致する大運動を展開し、東京商工会議所の後押しを受けて伏木とともに三角航路として食い込むことに成功する。そしてこの一二月、対岸の南満州鉄道株式会社、通称

大連汽船株式会社

満鉄の一〇〇％子会社として設立された企業で、新潟に航路が開設された際、新潟市に旅客、貨物の代理店が置かれた。運営は小林力三商店（現在の株式会社コバリキ）。

「満鉄」の子会社大連汽船株式会社が、大連—新潟間に定期航路を開設する。これが満州と日本を結ぶ最短航路となり、貨客船は大盛況で新潟港の貿易額は飛躍的に増大する。ウラジオストク航路によって、明治に大きく引き離された敦賀港を、これによって大きく引き離してゆくことになった。

開港以来の宿願だった対岸との貿易による集散地化は、傀儡《かいらい》国家の建設によって初めて実現された。新潟の人々は満州航路の盛況に熱狂したが、終わってみればわずか一〇年ほどの出来事でしかなかった。

戦後、浚渫が中断して水深が浅くなっていた新潟港は、浚渫船を新調し、再開した直後に触雷で大破するという事故を乗り越え、ようやく再開する。一九六四（昭和三九）年の新潟地震によって信濃川左岸、江戸時代以来の港は大きく被災し、その後佐渡汽船乗り場や漁協の施設は信濃川右岸に移転する。町の創建から港だった信濃川左岸は、その面影を失った。町の中を縦横に貫き、港と一体だった堀は地震の前に全て埋め立てられていた。そして、一九六九（昭和四四）年一一月に新潟東港が開港。東港は、かつて北洋漁業に多くの漁夫を供給した旧南浜村の上にある。

明治の開港五港のうち、現在（二〇一八年）の貿易額では横浜港が一二兆円を超え、神戸が九兆円余り。函館、長崎は貿易港としては役割を終えている。最も貿易額が大きいのは、明治には存在していなかった成田国際空港の二五兆円だ。新潟港は東西含めて六五七三億円。開港地の中では三六番目で、一時は競っていた伏木、敦賀は大きく引き離している。輸入だけで見ると二五位まで上がり、輸出が少ない傾向は明治の頃と変わらない。輸出の大部分を担っていた北洋漁業は、待って迎えるための場だった新潟港の長い歴史の中では、今もなお特異な存在として際立っている。

四代高橋助七
58歳ころ（1912年撮影）

一五　新潟の漁業家

高橋助七

一八五四（安政元）年に生まれ、一八七〇（明治三）年父の死により、わずか一七歳で助七を襲名。高橋助七としては四代目となる。江戸時代から本町五番町に店を構え、荒物屋を営んでいた。荒物屋とはザルや箒《ほうき》など雑多な生活用品を売る店を指す。四代助七が一八八四（明治一七）年に五〇〇円で買い取るまでは借家であったため、新潟では老舗や大店《おおだな》であったとは言い難い。北洋漁業、海運業、石油産業に進出してゆく基礎は、四代助七が家督相続して以降一代で築いたようだ。現在に続く株式会社高助（新潟市中央区礎町四ノ町）であり、現在の代表取締役社長高橋秀松は七代目にあたる。

信越線直江津駅ができたことで、直江津に高助支店を出したのが三三歳、一八八七（明治二〇）年のこと。これ以前には海運業に進出して新潟、酒田、石川などの回漕を行っており、直江津進出を機に越佐汽船会社の回漕も引き受けることとなり事業を拡大したが、ここに至るまでの助七二〇代の頃のことは定かではない。一八八二（明治一五）年に米仲買を開始、一八八四（明治一七）年に米穀、砂糖などの販売を長野県に広げている。

高助の社史である『歳月　高助の百年』では、伏見半七の説く沿海州漁業の利点に共感し、伏見と共同で新浦商会を設立するとともに沿海州に出漁したとある。「未知の大事業である北洋漁業進出の意を壮とし、このことを高助のエポックとして、後年この明治一八年をもって、高助創業の年」としたのだが、先述の通り伏見が新潟港を使った直航貿易に成功したのはこの四年後の一八八九（明治二二）年で、新浦商会の設立は帰国後のこと。一八年に伏見の動向を伝えるものとしては、紙巻きたばこ製造機を発明したという記事が新聞に掲載されているのみである。一八八五（明治一八）年は高助にとって何か別のエポックがあったか、あるいは後になってからどこかに創業年を求めたかのいずれかであろう。

明治二〇年代の末ごろから沿海州に出漁しており、一九〇一（明治三四）年に三徳丸が沿海州からの帰路、翌一九〇二（明治三五）年に幸徳丸がニコラエフスクへ向かう途中、二年連続で遭難するという災難に遭っている。三徳丸は遭難前年に建造した船で、おそらく二度目の航海での遭難だった。災難続きのなかで買魚を継続し、露領水産組合の設立時には評議員に選出されている。当時の所有船は石丸（八六・一一トン）、第一久富丸（一六三・六トン）、阪本丸（一三七・八七トン）。

一九一五（大正四）年に初の汽船四国丸（一四八八トン）を購入、次いで一九一八（大正七）年に高洋丸（四七〇トン）を建造。高洋丸は、建造からわずか四年で千島付近で遭難するが、四国丸は北洋漁業ではなく、名の通り四国と九州方面との内国貿易に使われていた。高助はその船舶を、漁場と新潟を往復するだけでなく、石炭をはじめ砂糖や塩などの輸送に活用していた。当時、門司港が台湾産塩の集散地だったし、政府補助のもと三井物産が中心となって設立した台湾精糖株式会社が九州に製糖工場を持っていた。

田代三吉も「田代漁業部」「田代輸送部」に分けて所有船舶を活用していたが、高橋は漁業より海運、陸運への志向が勝っていた。漁業の方は、参入が早かった割にあまり規模を拡大していない一方、一九一六（大正五）年に浅野セメント、一九二三（大正一二）年に大倉鉱業、一九三〇（昭和五）年に住友炭鉱とそれぞれ特約店契約を結び、輸送のみならず卸売りにも参入している。

北洋合同漁業会社が発足した一九三二（昭和七）年には二漁区を租借していたが、これを日魯漁業に八万二五〇〇円で譲渡し、高橋の北洋漁業家としての歴史は幕を閉じた。ただし、この二漁区は高橋助七ではなく、弟の高橋喜六名義で、大合同参加者名も助七ではなく喜六となっている。助七は合同の翌年、一九三三（昭和八）年一二月、七九歳で亡くなっている。

社業以外では新潟市会議員、商業会議所議員、新潟築港調査委員などを務め、晩年の一九二九（昭和四）年には新潟市社会事業助成会会長に就任。篤志家らによる会員組織で、結核療養所の有明松風園（現在の信楽園病院）と、古町十三番町の民家を借りて「隣保館」を設立して自ら館長に就任。隣保館とは、差別や貧困のある地域に専門家が常駐して、教育などの援助を行う施設のことで、イギリス

高助別宅と萬代橋

萬代橋の街路灯は一九四三（昭和一八）年に供出されており、それ以前に描かれたもの。

から始まった取り組み。古町十三番町は、町の北側に遊郭街が広がっていた町だった。高橋は会長を務めるとともに四代、五代にわたり土地建物を隣保館に寄付している。戦後に財団法人新潟市社会事業協会と改称し、その後社会福祉法人に改組。現在の理事長は株式会社高助社長の高橋秀松が務めている。

また、一九二八（昭和三）年には私立新潟聾口《ろうこう》学校を開校。当初は白山浦で場所を借り、後に異人池の借地に校舎を建設している。これは、一九二二（大正一一）年に新潟市にあった盲唖《もうあ》学校が県立移管され、盲学校が新潟市に、聾唖学校が長岡市に分離設立されたことが発端だった。長岡まで通えない新潟市や近隣の子どもたちのために、新潟市に聾唖学校の設立を働きかける運動を開始。その中に高橋がいたわけだが、当時の新潟市は築港によって財政難に陥っており、それどころではない。埒《らち》が明かないと判断して高橋は、私立として県に設立申請を行う。校名が「聾唖」でなく「聾口」であるのは、当時主流だった手話による教育ではなく、新潟医科大学と連携し、話すことを主眼に置いた当時としては斬新な教育を行ったことによる。高橋は専務理事に就任し、私費を投入したほか運営のための寄付集めも行った。

高橋は亡くなる間際に枕元に長男庄松（五代助七）を呼び寄せると「別れの時が来た。私がいなくなっても、あの新潟聾口学校だけは、私に代わってやってもらいたい」と遺言したという（『歳月　高助の百年』）。北洋サケマスの一部は、耳の聞こえない子どもたちが社会に出て行くために役立てられた、ということになる。

戦時中は事業を支えていたセメント、石油、石炭が国策によって統合され、所有船舶の多くも接収されたが、塩の輸送だけは維持。終戦後はセメント、石油卸売りとして事業を再開し、一九六一（昭和三六）年にガソリンスタンドの新潟給油所を開設。以降店舗数を伸ばし、現在高助といえばガソリンスタンドと認識されるが、石油卸売はじめ事業内容は幅広い。北洋漁業と海運がその基礎をつくり、石油で事業を拡大した点で新潟市の企業の一つの典型といえる。

立川甚五郎

北洋漁業に参入した初代の多くが明治維新前に生まれているが、立川甚五郎は一八七一（明治四）年生まれで一世代近く若い。二代にわたって立川甚五郎を名乗った漁業家であり、日魯大合同に反対し、最後まで北洋漁業家であろうとした。

初代は熊本県の出身。詳しいことは知られていないが、清国へ渡ってクリーニング店を営んでいた姉を頼り、一〇代で対岸へ渡ったという。その後、清国国境に近いロシアのハバロフスクなどで働き、ロシア語を覚えた。

熊本県は長崎県とともに当時から海外への出稼ぎ者が多く、「からゆきさん」という言葉が生まれた土地だ。からゆきさんと言えば、主に南方へ売られてゆく女性たちを指す言葉として広く定着したが、森崎和江『からゆきさん』によれば、長崎や熊本では明治までは男性も女性も職種もなく、海外へ出稼ぎに出ることをからゆきと呼んでいた。シベリア鉄道建設の労働者需要があり、また長崎がロシア艦隊の寄港地になっていたため親しみがあり、沿海州シベリア方面への出稼ぎは少なくなかったという。立川の妻となるコマは熊本県天草地方の出身で、妻になるため渡航している。出稼ぎ者に嫁ぐための渡航も珍しいことではなかった。

日露戦争開戦の混乱の中、領事館に準じる日本貿易事務館のあったウラジオストクでは、多くの日本人が敦賀港へ引き揚げているが、立川はこれとは別のルートをたどって長崎へ帰国している。長命だったコマによれば、シベリア鉄道で大陸を横断し英国サザンプトンから乗船、スエズ運河、マラッカ海峡を経ている。途中、シベリア鉄道では駅に停車するごとにロシア兵の検問を受け、マラッカ海峡では大しけに遭って同乗していた女性が一人亡くなり、ずっと生きた心地がしなかったという。

しかし甚五郎、コマ夫妻はロシアでの暮らしに馴染《なじ》み、かつ愛したようだ。晩年まで立川は、常にポットに沸かした紅茶を手放さず、コマはパンを焼き、おかゆはオートミールのように牛乳で炊いたという。立川家では、コップは「クルシカ」、洗面器は「バンカ」と呼んでいた。

日露戦争が終結した後、立川は東洋物産株式会社に通訳として雇用され、戦争で失った生活基盤を、

◀立川甚五郎家族
左から妻コマ、養女キミ、秘書橋本熊作、初代立川甚五郎

初代立川甚五郎▶

故郷ではなく新潟で再建することになる。日露戦争の勝利によって結ばれた日露漁業協約では、漁場において通訳の同行が必須となり、有能な通訳は引く手あまただった。

一九一六（大正五）年に編纂された『越佐大観』ではこの間の事情を、ロシアで捕虜となって戦争終結後ヨーロッパを歴訪し、入国が可能になった一九〇六（明治三九）年にウラジオストク入りして東洋物産に入社したとある。コマは家族に捕虜にされたとは話していないが、イギリスから長崎へ向けて出航したのは日本海海戦の前だったという。ウラジオストクでも新潟でもなく長崎にいて、東洋物産へ勤めることになった経緯は定かではない。

三年ほど東洋物産通訳として漁場を回った後、立川は北洋漁業家として独立。一九一一（明治四四）年から出漁しており、その翌年には缶詰生産を試みている。年によって漁獲にばらつきはあるものの、古参の有田清五郎と並ぶ中堅の漁業家として名を知られるようになった。大正半ばの所有船は日光丸（一九九トン）、瑞穂丸（一五〇トン）、のちに新田丸、敷島丸。航海中のビタミン不足を補うため、家では船に積む大根葉を大量に干していたという。

日ソ漁業協約成立後の日魯大合同の際には、立川は新潟勢で団結して母船経営を行い、漁業を継続すべきとの考えを持っていた。一九二九（昭和四）年から農林省が母船経営を許可制にしており、立川は新潟の漁業家では唯一この許可を受けている。母船経営とは漁獲を行う複数の独航船と、漁獲された魚を洋上で集めて船内加工する母船が集団操業するもので、日魯漁業の場合は母船一隻に三三隻の独航船がついて一船団を形成していた。立川が母船経営の許可を受けた一九三三（昭和八）年には、一六件の許可が出て全国の母船経営許可は合わせて二五件に上っているが、実際に操業していたのはそのうちわずかでしかなく、立川も結局この権利を行使することはなかった。

日中戦争が泥沼化し日本が戦時体制に踏み込んでゆく過程で、母船会社は日魯漁業一社に統合されると、動力船を所有する漁師は独航船経営者として、日魯漁業の船団に傭船されてゆくようになる。立川は新潟で結成された独航船組合（組合員＝船主一二名）の組合長を務め、大歴山丸、第三運栄丸の二隻を所有。一九三四（昭和九）年には、新潟から一四隻の独航船が出ている。立川は独航船として出漁する一方、沿岸底引き漁へも出漁している。独航船は母船会社に対して立場は弱く、燃料の負担も大きく経営は安定しない。初代は一九三七（昭和一二）年に六九歳で死亡。夫妻に子はなく、四歳で引き取ったキミの夫が二代立川甚五郎となる。

戦後、北洋漁業の再開は一九五二（昭和二七）年。明治大正の新潟に北洋漁業全盛期をもたらしたのは、日露戦争の勝利だったが、今度は日本が敗戦国であり、もはや再開と呼べるものではない。沿岸漁業資源の枯渇は、各地で漁業者同士の紛争を招くほどになっており、水産庁は沿岸底引き漁業からの撤退を条件に、北洋での漁業を許可制にして振り分けていった。新潟では立川の他、新潟北洋出漁組合（柳島町）、丸井水産株式会社（湊町通四）、大倉漁業株式会社（湊町通四）、新潟北星組合（柳島町）など、出航場所で当時魚市場のあった柳島町近辺に本社を置いた企業が北洋へ出漁しているが、多い年でも一〇隻を超える程度だった。この頃、船舶は母船操業に参加する独航船、北海道沖合で操業する漁船、新潟の沿岸で操業する漁船が一目で分かるよう、塗料で色分けされていた。違法操業を防止するためだ。二代立川甚五郎の息子である国臣さんも、根室沖でのサケマス流し網漁に加わった。

船員や漁師たちが「陸へ上がると真っ先に銭湯へ行き、次に床屋へ行く」ため、銭湯と床屋が多かったと国臣さんは言う。資源の減少、そしてソヴィエトの二〇〇海里問題などで、漁師町だった新潟のしもまちの賑わいは次第に失われ、新潟地震で大きく被災して鮮魚市場も移転。まちの姿は大きく変わっていった。

初代の妻コマは長命で、一九六一（昭和三六）年に亡くなっている。国臣さんは祖父のことを、主にこの祖母から聞いた。コマは「字が書ければ、諸国外遊記が書けた」と言い、「ロシアには明治半ばに水洗トイレがあった。最初は使い方が分からなかった」と懐かしみ、晩年には字を学んで過ごしたという。

鈴木佐平

北洋漁業家としての鈴木佐平は二代にわたる。江戸時代の屋号は間瀬屋で、初代間瀬屋佐右衛門は一七六〇（宝暦一〇年）に没している。間瀬屋は名前の通り、間瀬（新潟市西蒲区）から新潟へ移って廻船問屋を営んでいた。川村修就「北越秘説付言」の中で「大問屋と唱え申し候者」として、二五名の内の一人として間瀬屋佐右衛門の名がある。

明治になり、廻船問屋の株仲間が廃止される前年の一八六九（明治二）年に六代佐右衛門が亡くなり、七代佐右衛門は襲名からわずか五年で若くして亡くなってしまう。残されたのは妻と乳児だけ。時代の変わり目で、二度続けて当主を失ったことで親戚も含めて騒然となり、間瀬屋は一気に没落の危機を迎えたという。

間瀬屋は六代の妻貞が、一代で財閥を築いた新発田出身、大倉喜八郎の姉。彼女は喜八郎が幕末に江戸へ出る際、資金として二〇両を与えて支援している。六代佐右衛門と貞は再婚で、七代は貞の子ではない。七代が亡くなった一八七四（明治七）年に貞は、富士登山に出かけてしまう。富士山の女人禁制は一八七二（明治五）年に解かれていた。貞はその足で、大倉組が支店を出していた仙台松島に遊んでいる。そして新潟に帰ることなく、すでに財閥としての頭角を現していた、弟大倉喜八郎邸に留《とど》まっている。明治七年という年は、喜八郎が持田徳子と結婚する一年前で、喜八郎は日本陸軍の台湾出兵に従い、陸軍の御用達を務め、さらにロンドンにまで大倉組支店を開くという超多忙な時期と重なる。

廻船問屋の株仲間廃止によって新規参入が相次ぐなか、間瀬屋は廻船問屋を廃して船具商の看板を掲げた。明治二二年の『北越商工便覧』には「船道具商鈴木佐平」と記載されている。過当競争に陥った廻船問屋は、続く鉄道の延伸でまもなく消滅してしまうが、廻船問屋のステイタスを早々に捨てた間瀬屋は生き延びる。北洋漁業を始めたのは、この時乳児であった間瀬屋八代、鈴木佐平（正作）である。

鈴木は日露戦争前に新潟市会議員選挙に当選しており、この頃は一定の納税額がなければ選挙権も被選挙権もなかったため、ある程度家は盛り返していた。ただし新潟財界において影が薄いのは「没落したときにいったん関係が完全に途切れたからではないか」と、八代のひ孫にあたる現当主英介さ

北洋漁業を開始した当時の記念写真
前列左から正寿丸船長齊藤庄助（28）、会計漁場監督齊藤小太郎（46）、鈴木佐平（41）、長男貫一郎（18）、長寿丸船長吉川初吉（43）。後列左から漁船人木村俊三郎（34）、通弁菊地藤三郎（24）、宿弥丸船長宮崎虎次郎（28）、漁船人志田忠作（31）。（明治42年９月23日撮影）

んは言う。北洋漁業家では、新興企業家だった高橋助七が商業会議所議員として活躍し、海産物商の田代三吉が築港委員などで政財界で活動していたのと比べると、意図して距離を置いていたようにも思われる。

北洋漁業への進出は、日露漁業協約が締結され漁区の競売が始まった翌年の一九〇九（明治四二）年から。鈴木佐平四〇歳である。船具商として、付き合いのあった北洋漁業家から得られる情報に耳を傾け、参入のタイミングを計っていたと思われる。大正に入る頃には例年二、三漁区を租借し安定した収量を上げている。この頃の所有船は七宝丸（一一五トン）、長寿丸（八七トン）、正寿丸、宿弥丸。漁場経営を開始して以降も船具商を継続しており、田代家文書には、帆船新造の際に鈴木佐平から取り付け金具等を買った記録がある。

北洋漁業の経営にはある程度の資本力が必要なため、江戸時代に廻船問屋で蓄財した参入例として鈴木が挙げられるが、当時陸に目を向ければ倉庫業、銀行業、続いて石油産業など企業の設立が相次ぎ、資金の投資先はいくらでもあった。英介さんは「当主の早世がなく家が盤石であれば、北洋漁業家にはならなかったはず」と言う。自らは動かず、待つことが商業規範となっていた新潟で、リスクをとって自ら出かけていく北洋漁業に参入することは、それぞれにやむにやまれぬ事情があったと英介さんは考えている。

一九一七（大正六）年に大日丸衝突事故で住福丸が流され、積み荷ごと遭難。被害額は一万七〇〇〇円余りとなり、この翌年には千歳丸がカムチャツカからの帰路で遭難。二年続けて災難に見舞われているが、この二年間は一〇〇万尾を超える漁獲を上げて片桐寅吉と肩を並べている。九代鈴木佐平（貫一郎）は早稲田大学を卒業後、父の存命中から家業に従事しており、この頃から漁場に赴いていたのは九代だったようだ。

九代は写真、絵画、和歌を趣味とし、このため鈴木家には九代が撮影した当時の写真が多く残されている。漁場へ赴くことも仕事であるとともに、楽しみの一つでもあったようだ。一九三二（昭和七）年の大合同の参加者には名前が入っておらず、独航船による母船式漁業にも加わらず、日本領の樺太

▲機帆船千代丸
帆を持った汽船。新潟港左岸から樺太へ出航するところ。

南樺太で漁場を営んでいた当時の記念写真▶
前列左から今井安太郎（47歳）、鈴木貫一郎（38歳）、有田権一（41歳）、平松与吾（39歳）。後列左から井村要太郎（35歳）、佐藤喜代太郎（36歳）、本間巳三郎（36歳）。（昭和４年３月28日撮影）

南部沿岸で漁業を継続している。一九三八（昭和一三）年に行われた地元雑誌のインタビュー記事では「アイヌ研究家」として紹介され、アイヌの唄や楽器について質問を受けている。

この年の樺太は記録的な不漁で、撤退をほのめかす発言をしつつ不漁の原因を、

山林の伐採のため、河川の水の遡上産卵に適せざるべくなさしめたる事及パルプ工場より悪水及流送筏材による支障、それに船舶交通のおおくなりたる理由等々（中略）樺太行政上における財源を大観すれば山林、漁業、鉱業の三種目に区別さるべきものと思ふのですが、このうち山林が最も手取り早き財源といふことになるので、これのみ重点を置くといふやうな傾向の示現さるるのを遺憾とするのであります。（「新潟交友」一九二四（昭和一三）年八月）

と語っている。樺太の人口はこの頃三〇万人を超え林業、製紙業を主産業として成長を続け、北洋漁業黎明期とは大きく様変わりしていた。新潟市はこの年、大河津分水路開削に付随した河川埋め立て地に市民待望の新潟市公会堂が竣工、市街は前年に二つの百貨店が開店して賑わいをみせ、新潟港は満州開拓移民の出発港に指定されて、市内には多くの移民が集まってきていた。この五年後には萬代橋の街路灯を供出するほど、あらゆる資材が逼迫《ひっぱく》するようになるとは、誰も想像していなかった頃だ。樺太ではしかし、戦中の燃料、漁夫の不足によって一九四二（昭和一七）年に統合されるまで漁場を租借していた。

戦後は、船具としての船舶塗料つながりでペンキやワックスを商い、一九五五（昭和三〇）年の大火で市街一円が焼失し、洋式のビルが急増するタイミングで、第一〇代の鈴木志郎が新潟ビル清掃社を創業。これが現在の新潟ビルサービスにつながる。

ちなみに、大日丸衝突事故の損害賠償訴訟は双方譲ることなく膠着し、和解が成立したのは事故から一九年後の一九三六（昭和一一）年。関係者の多くは既に代替わりして、八一歳の長命だった田代の亡くなる直前だったという。鈴木家含む原告側では、東京で第百銀行（当時）に勤めていた次男寅

大日丸訴訟の関係者と
鈴木貫一郎（左）花房並治郎（中央）と田代寅吉（右）

吉を話の分かる者と見込み、鈴木が田代寅吉と相談を重ねて、双方の顔を立てようやく和解に至ったという。この経緯は『新潟県北洋漁業発展誌』の著者である内橋繁氏が、昭和三〇年代に鈴木佐平から直接聞いた話として同書の中で紹介している。

田代三吉

田代家は昆布や干物などを扱う海産物商。北洋漁業家の田代三吉は一八五六（安政三）年、三条の五十嵐金吾右衛門の三男で田代家に婿養子として入り、先代三吉には息子がいたにもかかわらず一八九五（明治二八）年に三吉を襲名。この年に初めて、樺太北部のロモーで二漁場の経営を開始している。その経緯を、

毎年二月になると商業が暇になるので月の五日に新潟を出発し函館へ行って買付をして居った。然るに或年に漁業家は皆売約束をしてくれない。之は（中略）自分で獲って自分で売るのでなくては、到底儲けを見ることが出来んと、結果何とか資金を苦心して漁業家兼商業家となった結果である。（新潟新聞、一九一九年三月一八日付）

と語っている。おそらく田代家では以前から函館での買い付けが常で、田代家に入った当初から三吉は函館に行っていたのだろう。自身が買い付けを始めたのは「百石（鮭ならおよそ六千尾）三百円くらい」の頃と話しており、『函館市史』によれば鮭一〇〇石の函館での価格は、記録として最も古い一八八一（明治一四）年の時点でおよそ六〇〇円。これより以前のことだと思われる。

一八九八（明治三一）年に結成された薩哈嗹島漁業組合へは、新潟から有田清五郎、関矢儀八郎、小熊幸治郎とともに参加し、翌年は三漁場を経営。この後はロシアの規制が強化されたために、日露戦争までは買魚が中心となる。

日露漁業協約が締結され露領水産組合が結成されると、田代は新潟支部常議員となる。ここからシ

田代三吉
52歳ころ（明治41年撮影）

ベリア出兵までの最盛期一〇年間の間、最初の一九〇九（明治四二）年、田代の漁獲は新潟支部総漁獲量の二割を超える一三五万尾余り。翌年から東洋物産株式会社がトップとなり、一九一四（大正三）年以降は堤清六がトップとなるが、全体的に不漁だった一九一二（大正元）年以外では、田代の漁獲は一〇〇万尾を下ることがなかった。

一九一九（大正八）年時点の所有船舶は一二隻。全てを新潟には置かず、函館に留め置きしている船もあり、所有船以外に複数の傭船《ようせん》を使っていた。田代自身は漁場に出かけていくことなく、漁場から電報で連絡を受け、一方で全国からサケマスの注文を受け、漁獲したサケマスを函館、新潟、横浜等どの港で水揚げするのかを決定し、指示を飛ばす。この頃の田代のサケマス販売先は、新潟県全域と北海道、福島、山形、長野、群馬、山梨、茨城、栃木、神奈川、三重、静岡県に及んでいる。田代はこの頃漁業部と輸送部に分かれており、鉄道は今ほど全国に繋がっておらず、自動車はまだ物珍しかったこの時期に、サケマスの輸送ルートを確保していった。販売力に裏打ちされた規模拡大であった。県内の川汽船会社に投資しているのは、サケマスの流通のためもあっただろう。庄内電気鉄道、新潟電鉄の取締役にも就任している。市会議員、新潟商業会議所特別委員を務め、所得の上でも新潟の押しも押されもせぬ名士の一人となった。

田代家に一九二二（大正一一）年に集めた漁夫の元帳が残されている。この年の漁夫は合わせて二一一人で、うち一五〇人は北海道、青森など県外から集められ、新潟県内は主に北蒲原と西蒲原の沿岸部の集落から来ている。北洋漁業の漁夫の出稼ぎは、始まったころは北海道と新潟からが多かったが、時代が下るにつれて新潟の出稼ぎは減って、青森県からの出稼ぎが多くなってくる。新潟を拠点にしていた田代でも同様の傾向が見て取れる。

元帳には前貸し金の金額も記入されており、二一一人への前貸し金合計額は一万九二〇四円。大正一一年はそば一杯、コーヒー一杯がおよそ一〇銭の時代。これを基準にすると、前貸し金だけで一億円に近い。後に利息をつけて回収するにしても、規模の大きな事業だった。

最盛期が過ぎた一九三三（昭和八）年、田代は七〇歳。日魯大合同に参加している一方で、立川甚

東丸
田代三吉が所有していた３本マストの洋帆船、499トン（新潟市歴史博物館蔵）

五郎が組合長を務めた新潟県独航船組合にも名を連ねている。鈴木佐平と同様に戦前の樺太で漁場を経営しているが、租借者の名前は孫の田代一郎に移っていた。戦時中は田代一郎所有の船四隻が軍に徴用され、うち一隻嘉洋丸（一三九トン）が沈没している。昭和四〇年代半ばまでは東堀通四番町でワカメ、昆布、ノリなど海産物を商い、その後廃業した。

一九九五（平成七）年に田代家の古い母屋、土蔵の取り壊しに伴い、当時の資料三万点余りを新潟市に寄贈する。これが「田代家文書」として、当時の北洋漁業の様子を知る貴重な資料になっている。

三吉の玄孫にあたる田代早苗さんは、田代家は江戸時代半ばに山田村（新潟市西区）から新潟に出、海産物商を始めたところから出発したと聞いている。早苗さんにとって田代家は、あまりに広すぎる場所だった。電話室、風呂が二つずつあり、女中部屋も二室あった。「玄関を開けると長い土間があって、それが上大川前通りから本町通りまで通っていた。そこで自転車の練習をした」という。その土間には、四国から帰り荷として積んできたという石が敷き詰められていた。

片桐寅吉

初代片桐寅吉の孫にあたる片桐一郎氏が書き残したものによれば、沿海州地方に買魚に出るようになったのは一八九〇年代の前半、明治二四、二五年の頃からという。田代三吉より二〇歳近く年上で、戊辰戦争で新潟が戦場となった時は三〇歳前後。当時は新潟、沼垂の沿岸で春に鰯《いわし》漁、秋には信濃川で鮭漁を営んでいたという。

そして一八八五（明治一八）年、片桐鮮魚問屋（東堀通十一番町）を設立する。江戸時代、新潟で鮮魚商は株仲間によって守られており、町に流通する鮮魚は全て大助買《おおすけご》（鮮魚問屋）を通さなければ流通できない仕組みになっていた。大助買は往時、五菜堀に面した上大川前十二番町付近に屋敷が集められており、五菜堀近辺が魚市場の様相を呈していた。明治以降、株仲間が廃止されると廻船問屋同様新規参入が増え、過当競争を抑えるためにいくつかの共同会社が設立された。片桐鮮魚問屋はそうした中の一つだったが、他を圧倒。ここで鮮魚を取引する組合員が二〇〇名を超えるほどになった。一

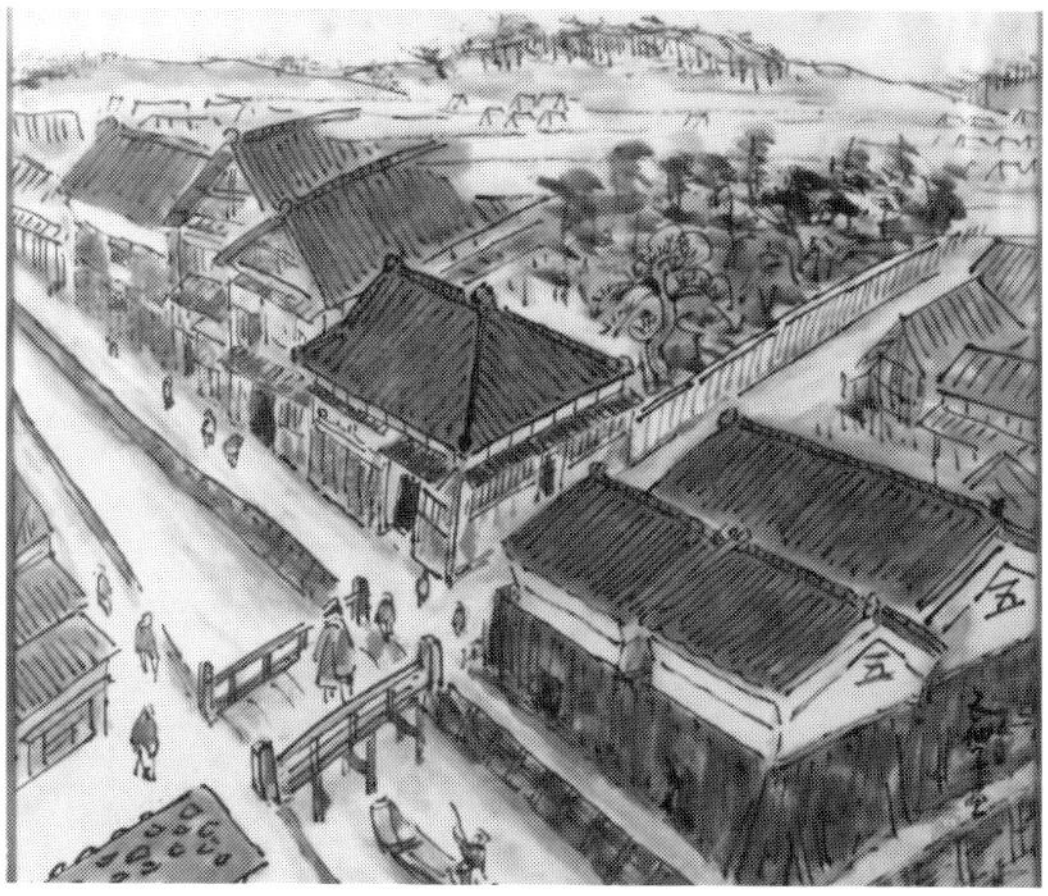

◀片桐家
いつ描かれたかは定かではない。屋敷は現在地であり、小路を挟んで蔵が並ぶ場所には現在第四銀行住吉町支店が立っている。

片桐寅吉（初代）▶

郎氏によれば、片桐家の暮らし向きが良くなったのは寅吉晩年の頃で、一九〇三（明治三六）年九月六六歳で亡くなっている。住まいは東堀通十二番町にあったが、亡くなる前年に五菜堀に面した上大川前通十二番町に移転。以来一度も火災に遭っておらず、新潟地震でも床下浸水で大きく被災することはなく、一二〇年近くその姿を保っている。

一郎氏の孫で、初代寅吉から数えて五代目になる藤田ゆう子さんは、二代目寅吉を「豪儀な人だった」と聞かされて育った。二代目寅吉は幕末一八六二（文久二）年ころの生まれで、幼名は福松。一九〇四（明治三七）年に個人商店だった片桐鮮魚問屋を株式会社新潟鮮魚問屋に改組し、佐渡と岩船でマグロ定置網も経営。新潟鮮魚問屋は本町十一番町、現在の割烹《かっぽう》大橋の並びに間口一四間、二五メートルを超える大きな店舗を構え、シベリア出兵のあった一九一八（大正七）年に出した広告には「北陸第一大問屋」と記されている。本町十一番町の西側は当時鮮魚商が軒を連ねており、割烹大橋も鮮魚商だった。

北洋漁業では露領水産組合新潟支部の副支部長であり、新潟財界とともに設立した新潟遠洋漁業株式会社の専務取締役も務めた。日露漁業協約締結以降、常に田代三吉に次ぐ漁獲を上げていたが、その田代が大正時代の新聞でのインタビューで「詳細のことは片桐さんから聞かれた方がよろしい」と言うほど、北洋漁業家の間で一目置かれる存在だった。一九二二（大正一一）年には、総トン数一九八四トンの汽船チョイサン丸を導入。新潟の北洋漁業家が使用した汽船の中では、これが最も大きい船だ。

初代寅吉は弘法大師への信仰篤《あつ》く、最晩年に四国八十八カ所巡りを果たし、二代寅吉に真言宗寺院、片桐山吉祥院の造営を託している。二代寅吉は高野山へ相談に赴き「新たな寺院の造営は大変だから」と諦めて寄進を勧められるが強行。東堀通十三番町に一九〇四（明治三七）年、本堂、庫裏、山門を整える。この時の建築費は三八〇〇円だった。当時は住職も招聘《しょうへい》し、二代の住職が在住していた。吉祥院は片桐家の菩提寺ともいわれるが、片桐家の墓所は高野山にある。昭和に入って境内に、魚供養のため魚籃観音《ぎょらんかんのん》が寄進された。鮭を抱いた観音像が今も佇《たたず》んでいる。

吉祥院魚籃観音

片桐寅吉（２代）が導入したチョイサン丸についていた鐘

二代寅吉は日魯大合同の翌年、一九三三（昭和八）年、七一歳で死去。事業を継承した一郎は一九三七（昭和一二）年、新潟鮮魚問屋を新潟中央水産市場株式会社と改めた。これはちょうど肴町と呼ばれた本町十一番町から、現在新潟市歴史博物館みなとぴあが立つ柳島町への移転が進んでいた時期に重なる。大正末に中央卸売市場法が成立して各地に卸売市場ができ、築地市場の整備が一九三五（昭和一〇）年。仲卸として社名にいち早く「中央」、そして「市場」という言葉を盛り込んだところに、気概がうかがえる。

その後、柳島町の市場は新潟地震で大きく被災し対岸万代島に移転し、現在は新潟市江南区へ移転した新潟中央卸売市場に本社を構えている。同社は先に本社のあった万代島のピアＢａｎｄａｉに「万代島鮮魚センター」と、新潟ふるさと村で「鮮魚センターマリーン」を運営する株式会社マリーンの親会社でもある。新潟ふるさと村の鮮魚センターマリーン店内に飾られた大漁旗は、北洋漁業家立川家が使っていたものを借り受けたそうだ。幕末から令和へ、初代寅吉から始まり新潟中央水産市場株式会社へと名は時代ごとに変わっているが、この間一度も魚を離れていない。

付記

明治から昭和初期、およそ五〇年にわたる新潟北洋漁業の歴史の中で、船の遭難がどれほどあったか、遭難だけでなく漁場での事故や病気で漁夫や船員が亡くなっていったかは、定かではない。草創期は日本型帆船のベザイ船で荒波を超えて沿海州や樺太へ赴き、大正時代の最盛期でも数で見れば、汽船よりも洋帆船の方が圧倒的に多かった。往復に時間の掛かる帆船は、時化《しけ》に遭う確率も高い。

明らかなものだけ記すと、一九〇一（明治三四）年に三徳丸、一九〇二（明治三五）年に幸徳丸（いずれも高橋助七所有）、一九一七（大正六）年に金比羅丸（大串重右ヱ門所有）、一九一八（大正七）年に栄寿丸（関矢儀八郎所有）と千歳丸（鈴木佐平所有）、一九二二（大正一一）年に高洋丸（高橋助七所有）が遭難し、乗組員ともども行方不明となった。先に記した新潟港で起きた大日丸事故では、奇跡的に全員無事救

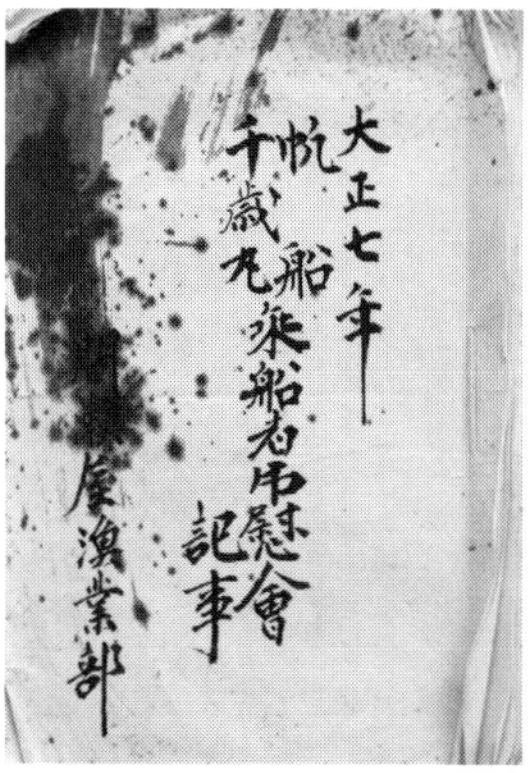

千歳丸乗船者弔慰会記事表紙

助されたが、七隻が沈没している。

このうち千歳丸は総トン数一九九トンの洋帆船で、西カムチャツカの漁場から漁獲したサケマスを積載し、漁夫を連れて帰途についていたところ、利尻島を出たところで台風に遭い行方不明となった。鈴木佐平所有の機帆船千代丸が現地に向かい、露領水産組合を通じて海軍にも捜索を願ったが、一つの遺体さえ見つからなかった。

鈴木家に残されている「千歳丸乗船者弔慰会記事」には、船長以下一三名の千歳丸乗組員と漁夫合わせて六三名の氏名、住所、年齢が記されている。船員の出身地は北蒲原郡、岩船郡、佐渡郡のほか、石川、富山、山口、函館、青森、漁夫はほとんどが北蒲原郡の出身者だ。年齢は一六歳から四六歳で、二〇～三〇代が中心だが、一家を構える「戸主」は一二人。あとは身分欄に「三男」「五男」「弟」「養子」などと記されている。

新潟の鮭食文化を支え、富をもたらし、開港場の面目を保った北洋漁業は、多くの人々の犠牲の上に成り立っていた。

◆行方不明となった人々

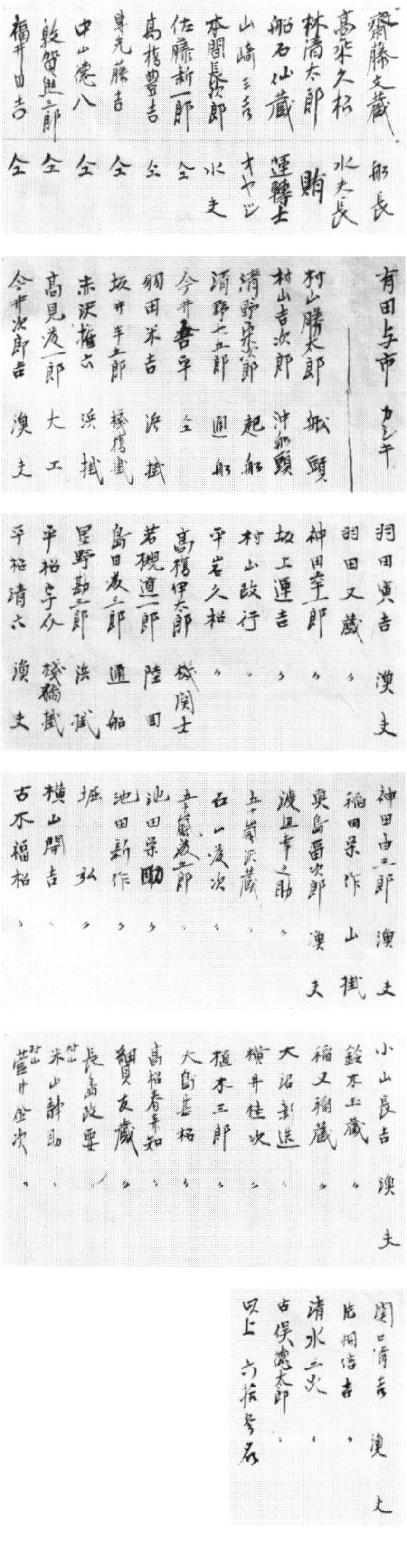
齋藤文蔵 船長
高栄久松 水夫長
林清太郎 賄
船石仙蔵 運轉士
山崎三吉 オヤジ
本間長次郎 水夫
佐藤新一郎 仝
高橋豊吉 仝
早見藤吉 仝
中山徳八 仝
眼賀與三郎 仝
福井田吉 仝

有田与市 カシキ
村山勝太郎 船頭
村山吉次郎 沖船頭
清野宗次郎 起船
酒野七五郎 通船
今井喜平 仝
羽田米吉 浜拭
坂井平三郎 機械拭
赤沢権六 浜拭
高見茂一郎 大工
今井次郎吉 漁夫

羽田真吉 漁夫
羽田又蔵 〃
神田幸五郎 〃
坂上運吉 〃
村山政行 〃
平岩久松 〃
高橋伊太郎 機関士
若槻道一郎 陸回
島田友三郎 通船
星野勘三郎 浜拭
平松守公 機械拭
平松清六 漁夫

神田由五郎 漁夫
稲田栄作 山拭
奥島西次郎 漁夫
渡辺幸之助 〃
五十嵐沢蔵 〃
石山茂次 〃
五十嵐友五郎 〃
池田栄助 〃
池田新作 〃
堀 弘 〃
横山開吉 〃
古木福松 〃

小山長吉 漁夫
鈴木玉蔵 〃
稲又稲蔵 〃
大沼新造 〃
横井佳次 〃
植木三郎 〃
大島喜松 〃
高松春千知 〃
細貝友蔵 〃
長島政要 〃
村山 米山鉢助 〃
村山 菅井金次 〃

関口清吉 漁夫
片桐信吉 〃
清水三次 〃
古俣徳太郎 〃
以上 六拾参名

あとがき——日本海という内海

広大なユーラシア大陸を日の出の方向に進むと最後は海洋に出る。なぜ古代から人類は東に進んだか、仮説であればいくつか考えることはできる。それは本稿の任ではないのでここでは触れない。ただ人類が西から東に移動してきたということは、歴史的事実として確認できるだろう。

私たちホモサピエンスがアフリカ起源で、そこから世界に拡散したことは明らかとなっている。しかし同時代、ほかの地域で発生した人類も居た。東で発生した北京原人やジャワ原人など、なぜ西に進まなかったのか。興味深い問題ではある。

その東の果て、海洋にフタをするように日本列島と樺太島（サハリン）の円弧がある。本当の外洋はその外にあり、日本海溝の深淵を形成し、最深部はエベレストに匹敵する八〇〇〇メートルを超える。ユーラシア大陸の乗るプレートはここで終わる。

この大陸と島嶼《とうしょ》に囲まれた海が日本海だ。対馬暖流の入る暖かい海であるとともに、浅く狭い海峡によって深部に冷水を蓄えた閉ざされた海だ。日本海の最深部は三七〇〇メートルある。日本列島が年間を通して一定の環境にあるのは、この日本海の効果である。

この海で冬は北西の、夏は南東の風が吹く。この風を利用し日本海を横断する航路を発見したのは渤海《ぼっかい》の海人たちだろう。渤海からは、かなりの数の人々が日本に来た記録がある。

渤海は今の朝鮮半島北部から、ロシア沿海州地方にかけて六九八年から二二八年間にわたって成立した国である。そのことがこれまでさほど注目されなかったのは、渤海そのものが消滅した国であることと、来航が筑紫《つくし》（北部九州）から大和《やまと》（近畿）への公式ルートではなく、日本海を横断して、または北洋からの南下により東北、北陸地方への来航が主だったからだ。

渤海国からの遣使は、七二八年から九二二年の一九四年間の中で三四回の記録がある。当然帰路もあり、それに伴う日本からの遣使もある。これは正史にある分であり、東北北陸への難破的来航もいれればさらに数は増えるだろう。この数は、日本が唐に派遣した遣唐使や、李氏朝鮮が日本に派遣した朝鮮通信使をはるかに上回る。

この中で注目したいのは、七四六（天平一八）年の出羽国への渤海人の漂着である。『続日本紀』巻一八に残る「是年渤海人及鐵利惣て一千一百余人化を慕い来朝す」との記事である。これでは遣使ではなく植民か難民である。そのため日本側の対応も「出羽国に安置し衣糧を給い放還す」とある。ちなみに鐵利とは靺鞨《まっかつ》人とも言い、渤海人と同じツングース系民族である。またこの「放還」の解釈だが、母国に還《かえ》したとする人もいるが、私は野に放ったというような意味に理解した方が良いと思う。一一〇〇人も難破同然で日本に来たものを、日本で船を仕立てて送り帰してやることはないだろう。「化を慕い」と言っているわけだし、それも都から遠い出羽国である。

いまでも秋田県には渤海人の末裔《まつえい》がどこかにいるのだろう。余談だが、奈良から平安時代にあった秋田城跡には水洗トイレの遺構があり、その排泄物《はいせつぶつ》の分析から、当時の日本人は食べていなかった、豚に寄生する虫の卵が発見されたそうである。

丸木舟の時代から、日本列島の住民は海とともに生きてきた。『魏志倭人伝《ぎしわじんでん》』でも倭人は海人として描かれている。「魚鰒を捕るを好み、水、深浅無く、皆、沈没してこれを取る」

そしてこの列島に人が渡ってきたのは、船を使ったことしか考えられない。その痕跡は土器や銅鐸《どうたく》の絵、埴輪《はにわ》にもある。

大己貴《おおなむち》神社（新潟市西蒲区間瀬）

おそらく古代、日本海側最大の政治文化センターであった出雲の神話にスクナビコナの物語がある。スクナビコナは「寄り来るカミ」である。出雲神話ではオオナムチ（大国主の別名）の国づくりを助け、知恵をもたらすカミである。スクナビコナは海から小船で流れ着く。これに対して中国江南の媽祖《まそ》などは「出で往くカミ」であり、航海の守護神でもある。そのため東南アジア各地に媽祖信仰は広がっている。

　このスクナビコナの実在性や、何らかの歴史的事象の反映であると考える必要はない。しかし、私たち日本人の心性に「海から寄り来る良きもの」という感性があるのではないか。日本列島人にとって海は「寄り来るもの」であり、大陸人にとっての海は「出で往くもの」なのではないだろうか。

　古代から多くの人々が、小さな船で日本列島にたどり着いた。現代では遺伝子の解析などから、琉球弧経由の南、樺太からの北、そして朝鮮半島経由の道が特定されている。琉球弧の先にはスンダランドを含む東南アジア、樺太の先にはシベリア、ユーラシアの大地、朝鮮半島の先には中央アジアのステップがある。おそらくそれぞれ時代は違い、旱魃《かんばつ》や寒冷化、海面上昇、洪水などの気象変動により人類の移動は起こったのだろう。

　今、日本海という内海を舞台として、沿岸交流の舞台が整いつつある。一八五三（嘉永六）年のペリー来航から続く太平洋の時代から、再び日本海の時代が始まる。それは東アジア諸国の発展による。そこで私たち新潟が、再び海に漕《こ》ぎ出していく時が来ているのではないだろうか。

　新潟というと「米」を連想する人が多い。しかしこの米も水稲であり、水が育てるものだ。日本海側の降雨と降雪により、米の恵みももたらされる。新潟人はもともと水の民であり、海の民だったのだ。その新潟人が明治期から帆船を操り、対岸沿海州に渡り、さらに樺太、カムチャツカへと進出した。その時代こそが、新潟発展の原点ではないだろうか。

　さらにそれをさかのぼるところ北前船の歴史、新潟の先達たちが北に向けたまなざしがある。神話時代を言えば、出雲のオオナムチの糸魚川の奴奈川姫への「妻問い」は、出雲から越《こし》への何らかの交流があったことを示している。それは当然海を使っての船での交流である。糸魚川のヒスイが日本中に交易品として届けられている事実は、それが現代での想定以上のものだったことをうかがわせる。

私たち新潟人が、過去から連綿と続く水の記憶に思いを馳《は》せるとき、今後の新潟発展の道筋も見えてくるのではないだろうか。

二〇一九年七月

新潟開港一五〇年によせて

鈴木　英介

本書編集に当たり次の方々からご協力をいただきました（敬称略）

新潟市歴史博物館（みなとぴあ）

高橋秀松

田代早苗

立川国臣

藤田ゆう子

参考文献

・新潟市編『新潟市史 上巻』一九三四年
・新潟市編『新潟市史 下巻』一九三四年
・函館市史編さん室編『函館市史』一九九〇年
http://archives.c.fun.ac.jp/hakodateshishi/shishi_index.htm
・長岡市編『長岡市史』一九三一年
・『新潟県史』
・新潟市編『新潟港のあゆみ』新潟歴史双書7 二〇〇三年
・新潟市編『新潟湊の繁栄』新潟歴史双書1 二〇〇二年
・新潟商工会議所編『新潟商工会議所七十年史』一九六九年
・横浜税関編『新潟税関沿革史』一九〇四年
・新潟県議会史編さん委員会編『新潟県議会史 明治編1』二〇〇一年
・新潟県議会史編さん委員会編『新潟県議会史 明治編2』二〇〇二年
・北蒲原郡編『新潟県北蒲原郡是』一九一六年
・新潟市編『図説新潟開港一五〇年史』二〇一八年
・内橋潔『新潟県北洋漁業発展誌』一九六六年
・山田時夫、広田寿三郎『富山県北洋漁業の歩み』一九八九年
・北洋漁業総覧編集委員会編『北洋漁業総覧』一九五〇年
・農商務省水産局『露領漁業関係統計』一九一八年
http://dl.ndl.go.jp/info:ndljp/pid/956970
・ゾーヤ・モルグン著 藤本和貴夫訳『ウラジオストク 日本人居留民の歴史１８６０～１９３７年』二〇一六年
・麻田雅文『シベリア出兵』二〇一六年
・新潟日報報道部編『流出の系譜』一九九五年
・日露漁業株式会社編『日魯漁業経営史第1巻』一九七一年
・神長英輔『「北洋」の誕生』二〇一四年
・田村覚 越佐研究61、63『浦潮斯徳との貿易と伏見半七について』二〇〇四、二〇〇六年
・網干嘉一郎 郷土新潟4『湊町風土記』一九六四年
・網干嘉一郎 郷土新潟5『東・西湊町通風土記』一九六四年
・若松庄吉 郷土新潟19『新潟下町 はまよさん、しおとうじ、しおゆ』一九七八年
・山根俊英 郷土新潟21『日和山の思い出』一九七九年
・佐藤重治郎 郷土新潟21『住吉町の起源』一九七九年
・内橋潔 高志路１８５『附船宿の話』一九五九年
・沢村洋『新潟の町古老百話』一九七四年
・『新潟県文学全集 随筆・紀行・詩歌編明治編』郷土出版社 一九九六年
・『新潟県文学全集 随筆・紀行・詩歌編大正編』郷土出版社 一九九六年
・新潟市郷土資料館編『新潟市史読本』一九七九年
・高助の百年編纂委員会『高助の百年』一九八七年
・新潟鉄工所社史編纂委員会『新潟鉄工所１００年史』一九九六年
・神戸税関貿易統計 http://www.customs.go.jp/kobe/

みなと・さがんプロジェクト実行委員会

新潟開港150年を契機に、「みなと・さがん」の地域づくり、にぎわいづくりを目指す組織。信濃川左岸地区を中心とする住民団体、企業、NPOなどが参画する。

もともとの新潟港であった左岸が右岸域とも連携し、新潟西港地域の発展のための活動を行う。2016年2月発会。鈴木英介会長。

北《きた》の海《うみ》へ　新潟港の明治・大正・昭和

2019（令和元）年７月26日　初版第１刷発行

著　者　みなとさがんプロジェクト実行委員会
『北の海へ』編集会議
（鈴木英介 橋本啓子）
監　修　神　長　英　輔
発行者　渡　辺　英美子
発行所　新潟日報事業社
〒950-8546
新潟市中央区万代3丁目1番1号
メディアシップ14階
TEL　025－383－8020
FAX　025－383－8028
http://www.nnj-net.co.jp
印刷・製本　株式会社ウィザップ

ISBN978-4-86132-716-2